2013.11.24
何能平
購於博客來.

專業師傅傳授 57 種

巧克力
小百科

「我不喜歡吃巧克力。」

　　每當聽到有人這樣說時，我總會有種預感，接著便翹起嘴角微笑。因為我的腦海裡像電影般飛快地浮現此人嚐到真正的巧克力後，臉部表情因為愛上巧克力而產生的變化。而且我這預感幾乎百分之百準確，因為我有自信我做出的巧克力，能讓這些從未嚐過真正的巧克力而討厭巧克力的人迷戀上巧克力，為此我深感自豪。

　　喜歡巧克力的人，

　　討厭巧克力的人，

　　不識巧克力的人，

　　誤解巧克力的人，

　　作為巧克力師傅的我，將身邊的人大致分成這四類。

　　巧克力師傅致力於將品嚐到好巧克力的喜悅傳遞出去，是個創造美好與幸福的職業。

　　僅僅是一個巧克力就能從中獲得幸福滋味……

　　巧克力好偉大呀！

　　就是因為有著這份幸福，筆者才會決定寫這本書。在此特別感謝韓國 CACAO BOOM 手工巧克力專賣店全體同仁，不僅讓筆者專注地完成《巧克力小百科》，更以甜蜜飽滿了我這巧克力師傅的生命。

　　幸福也如巧克力一樣，分享的時刻總是最甜美。

作者　高永珠

巧克力的故事

巧克力的純粹享受

多元食材多重巧克力享受

啜飲巧克力的濃醇香

特別的日子裡送上特別的巧克力

附錄

主要食材

巧克力名稱

有關巧克力的故事

甘那許奶油 Base

當紅茶遇見巧克力

奶茶松露巧克力
Milktea Fresh Truffle

Chocolate Story

這是最常見的巧克力與鮮奶油混合而成的甘那許奶油種類。巧克力品質雖然也很重要，但是使用的鮮奶油必須是百分之百的牛乳，所須能夠分辨由植物性油脂製成的「人造奶油（imitation cream）」，由牛奶製成的「真正的鮮奶油」這兩種成分。人造奶油肉所含的營味道與真正的牛乳相差很大。在裝飾蛋糕時，為了讓蛋糕長時間不，在製作的過程中就常會使用這種人造奶油，不過在製作頂級手工力時就不適合使用了。

Chocolate Recipe

食材
（可製成30～33個2x2x2cm大小的9g果仁糖）
- 鮮奶油140g
- 可可含量30%以上的牛奶巧克力200g
- 紅茶葉子15～18g
- 可可粉少許

製作方法
1 將紅茶葉子加進鮮奶油裡加熱到微溫後冷卻；
2 剝碎牛奶巧克力，以隔水加熱法融化後，繼續避免結塊，直到冷卻至微溫；
3 撈出③鮮奶油裡的葉子後與②混合；
4 將③倒在烘焙紙或保鮮膜上，厚度2cm，放在冷凝固一天；
5 將已凝固的④切成2x2x2cm大小後，沾裹可可抖掉多餘的可可粉。

Master's Tip

為了避免巧克力的濃郁搶過紅茶的味道，一般都會以牛奶巧克力來製作甘那油。奶茶則建議選用純紅茶（Straight Tea）的印度阿薩姆（Assam）與中國紅茶。在許多品牌的紅茶中，英國早餐茶（English Breakfast）與皇家茶（Blend）的味道與香氣較重，所以與甘那許奶油混合後可明顯感受到紅茶嚴發香氣。想要讓巧克力裡的紅茶味較重時，可多加幾片紅茶葉子，不過為了避免苦澀味，不宜久煮。

40

巧克力師傅的叮嚀

巧克力照片

使用食材與製作方法

巧克力外殼　是指在巧克力模型內側塗抹一層薄薄的調溫巧克力 (couverture chocolate)，等巧克力凝固之後，輕輕敲出裡面的空氣；接著翻過模型取出巧克力，在其外層用調溫巧克力塗抹均勻並等待凝固。

披覆式成型　在巧克力外殼成型凝固後，加進內餡；等內餡凝固時，淋上調溫巧克力，並將上層塗抹均勻後再次等待凝固。

鮮奶油甘那許　鮮奶油與甘那許 (ganache) 混合而成的巧克力。

不結塊的冷卻　在巧克力調溫→融化→冷卻的整個過程中，最重要的就是必須維持不結塊的狀態。巧克力的溫度就算是在調溫的範圍裡，如果融化的巧克力裡沒有攪勻仍有塊狀，將會無法順利製作調溫巧克力。

披覆　指內餡加進巧克力裡凝固後，在表層沾裹一層薄薄的調溫巧克力的動作。在沾裹巧克力時，一般都會使用叉子狀的調溫叉子 (dipping fork)。在浸入巧克力裡後，快速地撈出來，並甩去多餘的巧克力，放在烘焙紙上等待凝固。

披覆用的巧克力　是指沾裹時所使用的巧克力。一般使用量為巧克力成品的三倍，所以最好準備充足的量。

脫模　當巧克力披覆成型並完全凝固後，抬起透明模型觀察底面。若看到底面巧克力有點呈現白色霧面時，小心翼翼翻過模型，這樣就可以輕易地從模型中取出巧克力。

模型巧克力　是指利用模型製作出來的巧克力。

定型用的巧克力　是指定型時所使用的巧克力。使用量為巧克力成品三倍以上，所以最好準備充足。

冷卻鮮奶油 鮮奶油一直加熱到滾沸後離火冷卻。在製作甘那許時，如果鮮奶油完全冷卻後再與巧克力混合，很容易造成油水分離，所以最好冷卻到與巧克力溫度差不多（微溫，大約 35℃左右）時便混合攪拌。

巧克力削片 是指用刀或削刀刮出來的巧克力。最常使用於包覆果仁糖（Praline）表層，或用來裝飾蛋糕、飲料等。

放在陰涼處凝固 披覆完巧克力等待凝固的最佳溫度為 12 ~ 14℃，所以製作巧克力的環境溫度最好為 18 ~ 20℃；因此不要在溫度過低的冰箱裡以及溫度 20℃以上的地方凝固巧克力。

融化榛果巧克力 榛果巧克力為巧克力的一種。融化的方法與一般巧克力相同，只是裡面含有榛子，所以比起一般的巧克力更容易融化。

隔水加熱法 將裝有巧克力的碗，放進有水的鍋子裡，再將水加熱來融化碗中的巧克力，這是一種最傳統的融化巧克力方法。在加熱時最需要注意的是，鍋裡的熱水絕對不可超過或濺入裝有巧克力的碗。

融化巧克力 巧克力的主要成分可可脂（cocoa butter）對熱非常的敏感，尤其在 50℃以上高溫時，會讓可可脂不穩定並容易燒焦，所以融化巧克力時也可用微波爐等加熱，但為避免巧克力燒焦，必須不停地攪拌。等巧克力融化 70% 時，離火或從微波爐中取出後繼續攪勻，使其餘 30% 的巧克力融化，當巧克力全部都融化時，其溫度仍不可超過 50℃，必須謹記。利用微波爐融化巧克力時，每一次加熱最好不要超過 30 秒，並且要不時攪拌。還有為了要讓巧克力均勻的融化，最好每塊大小一致，這樣可以縮短融化的時間。

冷卻巧克力 為了不讓巧克力（室內溫度 45℃以內）結塊，必須不時地攪拌，直到熱氣散去（31 ~ 33℃ 之間）。在冷卻巧克力的過程中，將之前預留的 30% 切碎成小塊的巧克力混合進去，並且不停地攪拌直到碎塊全部融化。另外，也可以將部分巧克力放在鋪有烘焙紙或保鮮膜的大理石流理台上冷卻，再與剩下的巧克力混合來逐漸降低溫度。

可可粒　是指將巧克力原料可可豆發酵、乾燥、烘焙後，除去外皮，粉碎成粒狀，味道香醇且具有可可特有的香氣與苦味；主要是做為巧克力的食材來加工或裝飾果仁糖等。

可可醬　將可可豆發酵、乾燥、烘焙，粉碎後均勻加熱，會融化成液態，冷卻凝固成可可膏（cocoa mass），可分離出可可粉與可可脂。可可醬就是可可脂與可可膏混合而成的。

調溫　是指巧克力融化後在再次凝固之前，為了配合巧克力裡的可可脂含量比例，將巧克力調溫到最理想的狀態（β 結晶形態）。如果調溫的過程成功，巧克力因為組織穩定而有光澤，並能預防變白現象發生，這整個過程稱為結晶淨化（Pre Cristalization）。最常使用的方法是，將巧克力融化到 45℃ 左右後，在融化的巧克力中，加入約其重量 20 ～ 30% 的巧克力碎塊，配合溫度繼續均勻地融化，即所謂的種子調溫法（Seeding Method）。調溫巧克力溫度必須控制在 31℃ 左右，牛奶巧克力要在 29℃ 左右，白色巧克力要在 28℃ 範圍之內。

膨化小麥　將小麥加工後膨爆成爆米花狀，是種又圓又小又脆的零食。

膏　是指將食材均勻地磨碎成液態，或作成糊狀。

奶泡　是指將常溫中融化成柔軟的奶油，均勻地打泡後，顏色變淡成為鮮奶油狀。

果仁糖　由比利時首創並開發成一種一口大小的巧克力。以各式各樣堅果作為果仁糖的內餡，外表再沾裹一層巧克力，做成各種不同造型。

內餡　是指裝在巧克力裡面的餡料。

巧克力的故事

眾所周知的巧克力，過去曾經是祭拜眾神的祭品，是創作文化的橋梁，是改變一個大陸命運的產業，也是名廚所創作出來的珍貴作品。巧克力是如何漂洋過海，被我們吃進肚子裡的呢？現在讓我們來打開那些封存已久的巧克力故事，讓巧克力吃起來更有味道吧！

從可可到巧克力

眾神的飲料——可可

　　追溯巧克力的歷史大約有 160 年，可是巧克力主要原料——可可，比巧克力的歷史更悠久，可溯源自 4000 年前左右。

　　可可樹（*Theobroma Cacao*）的種子可可豆誕生於墨西哥。在馬雅（Maya）、阿茲特克（Aztec）時代裡，可可被遵奉為眾神的飲料，代替人類的血成為獻給眾神的祭品，還可做為貨幣使用，是非常神聖與珍貴的物品。

　　當時的可可只是將野生可可豆炒過，加水和各種香料混合、過濾後的液體，與現在一般人所喜愛的可可飲料大不相同；當時的可可除了本身具有催情的功效之外，更是一種全方位的權勢象徵。至今在墨西哥的聖堂裡，仍將過去具有象徵意義的可可與水供奉於神像面前。

片狀巧克力的出現

　　自從阿茲特克帝國在 1520 年被西班牙征服後，西班牙人了解到可可極具經濟價值，於是將可可引薦給歐洲貴族，從此之後歐洲人開始廣泛飲用，並奴役當地的原住民大量種植可可。

　　可可是一種令人愉悅、恢復體力的神秘飲料。經由西班牙人引進的可可大眾化後，歐洲人更了解到可可的藥效，於是 1640 年將可可登記在藥局藥劑目錄裡，並認定可可是具有刺激性的興奮劑。

　　從 1650 年起，英國人時興在咖啡店裡喝著可可討論政治、社會與文化等，1660 年荷蘭阿姆斯特丹港口開始有了可可豆的交易，不過此時的可可僅以「飲料」的液態或「糊」的稠狀呈現。

工業革命興起後，大約於 1828 年，發明出將可可豆粉碎均勻的研磨機器，並且利用科學的力量，從可可中分離出油脂；大約 1847 年，可可終於以更時髦、更滑嫩香甜的板狀形狀誕生，名為「巧克力」。這真是歷史性的一刻，一種充滿神秘色彩，眾神所飲用的飲料，僅在可可中添加蜜糖後，就脫胎換骨成為了巧克力。

比利時人首創的果仁糖

歐洲列強為了增強經濟效益，紛紛掀起栽種可可的熱潮，於是他們在自己所屬的殖民地裡，尋找與可可原產地環境相似的地方來種植可可。大約從 1860 年起，可可樹從南美延伸到東南亞、非洲等地，以赤道附近的地區為中心向全世界蔓延。就這樣香甜又誘人的板狀巧克力需求量暴增，相對的，可可的生產量也跟著日益增長，隨之開始出現了許多劣質巧克力。美食家們遂懷念起可可特有的原味，於是，比利時巧克力師傅紐豪斯（Neuhaus）為了回應這些美食家，在 1912 年發明了利用各種鮮奶油包覆著巧克力，只有一口大小的高級巧克力「比利時果仁糖」。

原為供奉殿堂中的神聖飲料的可可，經過長時間的工業革命，再加上板狀巧克力的出現，到後來透過巧克力師傅的巧手發明出果仁糖為止，可可到巧克力的發展已經非常多元化了；如今在現代社會裡，巧克力仍持續不斷地以豐富多樣的型態與品質在迅速變化著。

我國為了擺脫劣質的巧克力與環境破壞，增加了越來越多的有機栽培；也為了不要重蹈奴役勞工的黑暗過去，藉由公平貿易活動將巧克力的生產與消費引進我國。此外為了更加重視健康的現代人，也開始重現古人所飲用的純可可飲料。

依巧克力品質分類

　　巧克力根據品質可粗分為頂級巧克力、準巧克力、裝飾巧克力。

　　由於巧克力專業術語的定義，因世界各國的巧克力食材所佔比例不同，所以很難以巧克力的品質為基準來分類。而本書以製作頂級巧克力為出發點，分為兩大基準來介紹，其一是在製作時除了可可脂外，是否有使用代用油脂，如棕櫚仁油（elaeis guineensis）、椰子油（coconut oil）、乳油木果油（shea butter）、芒果籽油（mango seed butter）等；其二是指可可含量（可可脂＋可可膏）。目前市面所流通的巧克力，幾乎都有標示產品成分，所以一般消費者只要確認這兩項，大略可以確定巧克力品質的好壞。

頂級巧克力

　　以黑巧克力而言，其成分為可可脂、可可膏、砂糖、香草、卵磷脂。其中香草與卵磷脂含量應不到 1%，或根本不使用；牛奶巧克力則多加了乳質；而白巧克力的主要食材為可可脂、砂糖、乳質。

　　在巧克力所有的成分中，如果可可與砂糖的含量差不多，或大於砂糖量時（黑巧克力為 50% 以上），脂肪成分（佔全部 10 ～ 30% 以上）必須由百分之百的可可脂所製成的巧克力，才能呈現出可可的特色與味道。而頂級巧克力又根據食材的原產地與可可的品種、加工技術、有機栽培等再來細分。具有細緻與深沉味道的頂級巧克力，總是搭配紅酒、咖啡、茶等來擄獲美食家們的心。

準巧克力

　　以準巧克力而言，可可含量為 20 ～ 30% 左右，脂肪含量除了可

可脂外，還包括了代用油脂，產品標籤上除了前兩者外，還標註了很多添加物。比起高級巧克力，價格相對便宜，並可大量生產與銷售。大部分的準巧克力比起以百分之百可可脂製成的高級巧克力，放入嘴裡融化的速度較慢，殘留於舌上的味道也不夠清爽。此類巧克力為一般大眾最為熟悉的巧克力，且食材不適用於製作高級手工巧克力，由於不怕熱，也比較適於陳列與販賣。

裝飾巧克力

所有的成分中可可含量不及 10%，成分裡根本沒有可可脂，是以百分之百的代用油脂製成。這種巧克力可說是沒有可可香與味的假巧克力，主要使用於餅乾或蛋糕等。情人節前後在網路與商店銷售的 DIY 巧克力組合，或韓國巧克力棒棒節（Pepero Day）所銷售的巧克力產品，大部分都屬於這類假巧克力。

註：Pepero Day 是製作巧克力棒（Pepero）的韓國某食品公司，為了促銷產品，利用巧克力棒的形狀像數字 1，便將 11 月 11 日制定為巧克力棒棒節。

對巧克力的誤解

增肥、青春痘、蛀牙、糖尿病或上癮……，過去很長一段時間，大家對巧克力有著很大的誤解，每當孩子們拿起巧克力時，一旁的母親會趕緊阻止並且灌輸著這些錯誤的想法。如同筆者在前面提過的，不是所有巧克力的品質都是相同的等級，有些巧克力被誤解是理所當然，但是有些巧克力真的是太冤枉了。

巧克力裡的砂糖與脂肪含量各有不同

巧克力會讓人產生上述的誤解，主要原因在於巧克力裡的砂糖與脂肪兩大成分。越是低價的巧克力，含糖量就越多，於是導致喜歡吃此類巧克力的人容易蛀牙、增胖、上癮以及臉上長痘子，成為所有問題的禍因。而忠於可可原味的高級巧克力，相對的含糖量不高。

再來就是脂肪。巧克力裡的脂肪成分——可可脂含有抗氧化劑，是最穩定的植物性脂肪，可讓皮膚有光澤並具有預防老化的功效。室內溫度只要高達 34 ～ 38℃ 時它就會融化，所以吃進嘴裡入口即化。可可脂不僅讓巧克力綿密發亮，更是能輕鬆切開巧克力的主要因素。可可脂不只可降低膽固醇、保護血管，還含有大量對身體有益的不飽和脂肪酸，以及很容易在體內分解與排出的飽和脂肪酸成分，所以與橄欖油一樣，是深獲好評的高級脂肪，因此可可脂不僅不會有損健康，反而是有益於身體健康的成分。

小心劣質巧克力

　　一般劣質巧克力最大的問題在於，都以棕櫚仁油和椰子油等代用油脂代替可可脂來使用，而添加代用油脂的巧克力，不僅會增高膽固醇，還具有誘發心臟疾病等危險性。其中將液態的油轉換成固體時所產生的反式脂肪（Trans Fat），是比飽和脂肪酸更有害健康的假脂肪酸，而所有的餅乾與假巧克力裡都含有代用油脂。

　　像這樣使用含有大量飽和脂肪酸與反式脂肪的代用油脂製作的巧克力裡，砂糖的含量也非常高，因為其中為了節省而省去巧克力最主要的成分──可可脂與可可膏，並添加了大量的砂糖。換言之，頂級巧克力被準巧克力以下的加工巧克力拖累，也跟著壞了名聲。

巧克力的純粹享受

不是所有巧克力吃起來味道都一樣。根據食材的品質、內餡的分配比例等，製作出了千千萬萬種的巧克力，享受巧克力的方法也隨之千變萬化。在享受巧克力的許多方法中，最基本也最原始的享受方法，就是品嚐食材的原汁原味，現在就來嚐嚐足以讓人沉迷巧克力深層濃郁香味的第一種享受吧！

最貼近巧克力純粹味道的

黑巧克力

Dark Chocolate · Plain Chocolate · Black Chocolate

⦿ Chocolate Story

　　真正頂級黑巧克力的成分只有可可（可可膏與可可脂）、砂糖、香草和卵磷脂而已。其中卵磷脂與香草的含量不及 1%，幾乎可以不需要理會，所以可可的含量要達到 50% 以上（剩下的 50% 幾乎都為砂糖），才能從巧克力香甜中品嚐出可可原有的淡淡苦味。部分有機黑巧克力甚至不允許添加具有乳化劑作用的卵磷脂。在美國，規定黑巧克力的可可含量得要 15% 以上，歐洲為 35% 以上，而韓國則為 20% 以上，總的來說，一般可可脂含量須占 10% 以上才能稱為黑巧克力。原則上只要添加乳質就歸類為牛奶巧克力，可是在美國與韓國則允許黑色巧克力裡添加乳質。韓國黑巧克力的可可含量雖然達到 20% 以上，不過可可脂含量不及 10% 時，將歸類為準巧克力（即代脂巧克力）。在食譜等書中標示著 Bittersweet（苦甜）、Semisweet（半甜）等時，表示已經超過了美式標準，可可含量為 15% 以上，甚至超過了歐洲的 35% 含量標準。

　　一般可可含量越高價格就會越昂貴，而加工廠商所製作的巧克力，則根據核心技術與可可豆的種類來分類。雖然產品標籤上沒有標示可可豆的種類，可是當巧克力包裝上註有頂級產地 Grand Cru（借用葡萄酒 Grand Cru 概念）時，表示是用克里奧羅品種可可豆（Criollo，全世界產量只有 3% 左右的最高等級可可品種），或以精緻做法製成的最高等級巧克力。

Master's Tip

選擇好品質巧克力的方法

❶ 可可含量為 50% 以上，超過此含量的巧克力，可根據自己對苦味的喜好而選擇；

❷ 脂肪成分必須是百分之百的可可脂；

❸ 成分為可可、砂糖、香草、卵磷脂的巧克力；

❹ 減重或擔心血糖升高者，可以選擇可可含量為 70% 以上或以麥芽糖醇（Maltitol）來代替砂糖甜味的無糖黑巧克力。

味道香純又細緻的

牛奶巧克力
Milk Chocolate

⦿ Chocolate Story

酪農業發達的瑞士，在 1870 年時有位丹尼爾‧彼得（Daniel Peter）發明了一種將煉乳加進巧克力的飲料。之後雀巢（Nestle）公司發明了添加奶粉的固體牛奶巧克力，於是口感比黑巧克力更香醇、更滑嫩的牛奶巧克力就這樣誕生了。頂級牛奶巧克力是由可可膏、可可脂、砂糖、奶粉、香草、卵磷脂等製成。牛奶巧克力不僅保有了可可的微苦，又可享受牛奶滑嫩的香甜，深受小孩以及不喜歡苦味的大人喜愛，遂逐漸成為最普遍、最受大家歡迎的巧克力種類。

此種加入牛奶混合的巧克力種類，若其中可可含量過低時，將會失去巧克力原有的味道，無法成為品質佳的牛奶巧克力。牛奶巧克力在美國規定的標準是可可含量為 10%，歐洲為 25%，2003 年英國與愛爾蘭則以 20% 為標準（其他歐洲各國則將含有 20% 可可的這種巧克力稱為 Family Milk Chocolate），由此可知，牛奶巧克力裡的可可含量因各國而異。而有些專製頂級巧克力的歐洲公司所製作的牛奶巧克力，可可含量都高達 30% 以上。

Master's Tip

以牛奶巧克力聞名於世的瑞士

首創牛奶巧克力的瑞士，果然不愧為乳製品生產大國，也以品質佳的牛奶巧克力聞名於世。普遍來說，品質佳的牛奶巧克力，可可含量為 30% 以上，可不失巧克力原味，又因添加的牛奶品質佳，反而更能襯托出巧克力的味道與香氣。讀者們可以試著想像與比較一下，生長在無汙染的大自然裡，吃著綠色草食，過著沒有壓力生活的牛隻，與住在狹窄的牛棚裡吃著抗生素與飼料的牛隻，所擠出來的牛奶品質之間的差異，相信你在挑選牛奶巧克力時，除了注意可可的含量外，一定還會確認奶粉原產地。

鲜活了牛奶特有香味的

白巧克力
White Chocolate

⊙Chocolate Story

　　白巧克力是一種去除了左右巧克力色與味的可可膏，而是由乳白色可可脂加上奶粉與砂糖等成分混合製成的巧克力種類。比起可可，相對的添加了更多的奶粉與砂糖，所以味道更為香甜滑嫩，尤其散發著濃郁的牛奶香氣為最大特色，深受小朋友喜愛。由於使用了更多的可可脂，價格高於黑巧克力與牛奶巧克力。可可脂本為乳白色而非白色，而由百分之百可可脂製成的頂級白巧克力才有可能呈乳白色。反之，使用代用油脂製成的假白巧克力大部分為白色，不過也有添加象牙白色素而製成的白巧克力。

　　美國制定白巧克力必須含有 20% 以上的可可脂，而歐洲的頂級白巧克力可可脂含量為 30% 以上。白巧克力含有大量的牛奶，不耐熱也容易變質，所以不論保存期限長短，都必須時常注意巧克力表面的狀態。由於白巧克力的味道是所有巧克力中最為滑嫩香甜，非常適合製成瑞士起士火鍋，與水果乾、草莓、青葡萄、糖封橘皮一起享用。

Master's Tip

白巧克力不是真的巧克力？

可可的愛好者主張沒有含可可膏的白巧克力，不能稱為真正的巧克力。可是就算沒有左右巧克力味道與香氣的可可膏成分，但是因為含有大量的巧克力另一個重要成分——可可脂，所以頂級白巧克力依舊深受很多巧克力愛好者喜歡。不過商品標籤上如果顯示是以代用油脂替代可可脂時，就真的沒有任何可可成分，那麼這種白巧克力就無法稱為真正的白巧克力了。

與粉狀的可可相遇

可可粉

Cocoa Powder・Cacao Powder

Chocolate Story

　將烘炒過的可可豆磨成粉製成糊狀，再壓縮分解出可可脂後，將剩餘的曬乾、磨成粉末，這就成為百分之百的純可可粉（Natural Cacao Powder）。純可可粉為紅褐色，又苦又澀又酸，味道較重，油脂少，不易溶解於水，所以比起飲料，更常使用於製作餅乾或蛋糕。

　如果要以可可粉製作成飲料時，則會使用鹼性處理過的「鹼性可可粉（Dutch Processed Cocoa）」；鹼性可可粉是由荷蘭化學家范・豪頓（Coenraad van Houten）首創，所以又稱為「范・豪頓可可粉」。鹼性可可粉比起一般可可粉，巧克力顏色更重、味道更柔和，更容易溶於水，非常適合使用於製作與可可相關的飲料裡。只是在鹼性處理的過程中，將會遺失部分對身體有益的類黃酮（flavonoids）成分。

Master's Tip

如何製作對身體有益的可可飲料？

如果在牛奶或水裡加進可可粉，並與砂糖、蜂蜜、葡萄糖等混合攪拌，啜飲這「真正」的可可飲料時，不僅可以去痰，且能有效的恢復體力。

市面上所銷售的即溶可可飲料，其實可可成分只有 10% 以下，其餘都是由砂糖、奶粉、代用油脂、添加物、色素、香料等所組成。所以這種飲料與其說是可可飲料，還不如稱為「有可可味道」的飲料，下次購買時看看標示的成分就很容易分辨了。

加有榛果的義大利式巧克力

榛果巧克力

Gianduja · Gianduia

⊙ Chocolate Story

　　如果牛奶巧克力是代表瑞士的巧克力,那麼榛果巧克力就是義大利的同義詞。

　　板狀黑巧克力發明五年之後,1852 年在義大利生產榛果而聞名的杜林 (Turin) 地區,發明了一種由粉碎的榛果與黑巧克力混合而製成的榛果巧克力。榛果巧克力中因為榛果的油脂成分特別的香醇,使得黑巧克力的質感更滑嫩,口感更香醇。在巧克力專賣店裡,可以看到混合了30% 的榛果、兩指節大小、類似遊艇倒立的形狀,並以錫箔紙包起來的榛果巧克力,或是直接將 2kg 以上的榛果巧克力包裝起來販售,作為巧克力師傅專用的食材。義大利非常有名的巧克力公司費列羅 (Ferrero) 所製作的榛果巧克力醬 (Nutella),原名為 Gianduia Pastry,是一種將碎榛果混合於巧克力鮮奶油的軟巧克力醬,可塗抹在麵包上來吃。

Master's Tip

在西方國家無論男女老少都會以榛果巧克力作為零食或甜點,尤其在歐洲,常見人們在現烤的鬆餅上塗抹榛果巧克力醬,作法簡單,人人都可以輕鬆地在家自己做。其作法為鮮奶油與巧克力以 1:1 混合攪拌後,再加入微量的牛油以及榛果糊,或由榛果磨成的粉混合拌勻即可。這種作法簡單的「自製榛果巧克力醬」,味道絕不輸給市售的榛果巧克力醬。

杏仁膏 · 杏仁醬
Marzipan · Almond Paste

🌀 Chocolate Story

　　將杏仁與砂糖一起磨成粉，這樣杏仁的油脂成分與砂糖攪拌時就會變成像軟黏土般的膏稠狀，這就是杏仁膏（Marzipan）。杏仁膏味道又香又甜，最大的特色就是可以吃到細碎的杏仁顆粒。在製作杏仁膏時，使用與砂糖等量的杏仁，或比砂糖多一點，味道也很好，也可以添加少許帶有杏仁香的苦杏仁（Bitter Almond）。

　　各國製作杏仁膏的方法、配料比例以及使用的杏仁種類，多多少少有些不同。例如德國會將整顆杏仁與砂糖磨成粉後，製成稍乾的杏仁膏，法國是用杏仁粉與糖漿混合製成，西班牙則絕對不會使用苦杏仁。其中德國呂貝克（Lübeck）製作的杏仁膏品質最佳，已然成為當地的特產。

　　一般都會將整個杏仁膏切塊來吃，不過也會將杏仁膏擀成薄片，製作成動物、水果形狀後塗上食用色素，立在結婚蛋糕、聖誕蛋糕上作為裝飾，或加進史多倫（Stollen）麵包裡當成內餡，在特定的新年與聖誕節來享用。台灣的「裝飾用杏仁膏」中的砂糖量比杏仁量還多，多是作為蛋糕的裝飾品（花、動物、水果等形狀），因此吃起來無論口感與味道都比較差。杏仁膏雖然在台灣仍不常見，可是在歐洲與巧克力一樣，是深受大眾喜愛的餅乾，也是製作巧克力非常重要的食材之一。

Master's Tip

法國人喜歡將杏仁膏做成巧克力的內餡與裝飾品。如果有食物處理機（Food Processor）與粉碎機（Grinding Mill）時，就可以在家自己製作，而且保存起來也非常的方便。杏仁膏做法是將脫皮的杏仁（1,000g）磨成粉，加熱糖漿（砂糖1,000g、水300g、葡萄糖200g）到114℃，放進磨好的杏仁粉後，倒在烘焙紙上冷卻約一個小時左右，確定完全凝固後，粉碎成小塊，分三到四階段放進杏仁膏專用粉碎機裡處理，製成裝飾用的糖衣糰。在此也可以使用力道更強的食物處理機來代替粉碎機，只是處理機裡的刀片過熱時，杏仁的油脂容易被分解而變得油膩，所以在使用過程中要隨時放進冷凍庫裡冷卻一下。

多元食材
多重巧克力享受

巧克力本身就是很了不起的美食，不過與各種食材搭配之後，馬上搖身一變成為充滿魅力的甜點，而最能呈現巧克力精華的就屬比利時果仁糖了。將巧克力與新鮮食材完美地混合後，製成一口大小的比利時果仁糖，正是美食家們首選的甜點美食。

甘那許奶油 Base

在巧克力的食譜中，甘那許奶油（Ganache Cream）是最基本的食材。所謂的甘那許奶油是將巧克力與鮮奶油混合而成的奶油，口感滑嫩為最大特色，與其他食材混合後，能製作出各種味道與形狀，時常使用於果仁糖中。

松露巧克力 Fresh Truffle

奶茶松露巧克力 Milktea Fresh Truffle

綠茶松露巧克力 Greentea Fresh Truffle

香草松露巧克力 Vanilla Truffle

肉豆蔻松露巧克力 Nutmeg Truffle

草莓松露巧克力 Strawberry Truffle

薄荷松露巧克力 Mint Truffle

咖啡松露巧克力 Coffee Truffle

野櫻桃酒巧克力 Maraschino

威士忌甘那許巧克力 Whisky Ganache

一吻微醺 Kissing You

榛果甘那許巧克力 Hazelnut Ganache

辣胡椒巧克力 Chili Pepper

圓葉葡萄巧克力 Muscadine

百香果巧克力 Passion Fruit

堅果類 Base

充滿油脂和香味，卻不甜膩的堅果類，可說是與巧克力絕配的食材之一。除了可直接與巧克力混合外，也可加工成杏仁膏、榛果巧克力，或打成糊狀後，再與巧克力混合，不僅增添味道與營養，更因為食材所帶來的不同口感，吃起來有種令人愉悅的新鮮感。

開心果巧克力 Pistachio Marzipan
甘那許卷 Ganache Roll
牛軋糖巧克力 Patricia
榛果咖啡巧克力 Hazelnut Cafe
牛軋糖巧克力棒 Nougatine Stick
綜合堅果巧克力塊 Splitter Truffle
貝殼巧克力 Sea Fruit
費加洛巧克力 Figaro
波紋葡萄乾巧克力 Raisin Waves

糖類 Base

翻糖（Fondant）、牛奶糖、牛軋糖、糖果、軟糖、糖漿、蜀葵糖（marshmallow）等都是作為食材的糖類。依著溫度與比例等來搭配，各有一番風味，而且糖類如同中藥裡的甘草，能夠快速恢復及增加體力，是讓人心情愉快的食材。

櫻桃翻糖巧克力 Cherry Fondant
夏威夷巧克力 Hawaii
牛軋糖 Nougat
威士忌酒心糖 Whisky Bonbon
五穀巧克力脆棒 Puffing Ball Bar
焦糖黑巧克力 Caramel Dark Cream
焦糖雞尾酒巧克力 Caramel Cocktail

咖啡的好朋友

松露巧克力
Fresh Truffle

Chocolate Story

　　松露巧克力是一種將巧克力與鮮奶油混合，凝固後沾裹可可粉的果仁糖，深受台灣、韓國與日本消費者歡迎，也是巧克力專賣店最常見到的巧克力。日本人稱這種巧克力為「鮮巧克力」，除此之外又稱為 Catering Truffle、Pave 等，在 CACAO BOOM 店（作者在首爾經營的純手工比利時傳統巧克力專賣店）裡則稱為 Fresh Truffle。根據不同的食譜，巧克力與鮮奶油的比例雖多少有些差異，但步驟中最重要的都是要將各食材的水分與油脂充分攪勻成乳狀；特別是巧克力與鮮奶油混合攪拌時，溫度、攪拌的方法、凝固的環境等都需要面面俱到。

Chocolate Recipe

食材

（可製成40個3x3x1cm大小的10g果仁糖）

- 鮮奶油120g
- 可可含量50%的黑巧克力280g
- 可可粉少許

製作方法

1　鮮奶油稍微加熱至微溫（38℃左右）後冷卻；

2　剁碎黑巧克力，以隔水加熱法融化後，須不時攪勻以避免結塊，直到冷卻至微溫（35℃左右）；

3　混合①和②，並用攪拌器攪勻後，倒在烘焙紙或保鮮膜上，厚度1cm，放在陰涼處凝固一天；

4　將凝固的③切成3x3x1cm大小後，沾裹可可粉，並抖掉多餘的可可粉即可。

Master's Tip

只要觀察甘那許奶油的質感，就可以確定製作者的熟稔程度，這是個看似簡單卻不容易製作出好品質的步驟。品質好的甘那許奶油在切下來時乾淨不沾黏，用手拿起富有彈性，咬上一口時會留下明顯的咬痕，吃進嘴裡口感如雪般滑嫩得入口即化。與咖啡非常的搭配，所以是咖啡店熱銷品。松露巧克力在所有的巧克力產品中保存期限最短，因此建議一次只製作一個星期的分量。

當紅茶遇見巧克力

奶茶松露巧克力
Milktea Fresh Truffle

Chocolate Story

這是最常見的巧克力與鮮奶油混合而成的甘那許奶油種類。巧克力的品質雖然也很重要，但是使用的鮮奶油必須是百分之百的牛乳，所以必須能夠分辨由植物性油脂製成的「人造奶油（imitation cream）」，以及由牛奶製成的「真正的鮮奶油」這兩種成分。人造奶油內所含的營養及味道與真正的牛乳相差很大。在裝飾蛋糕時，為了維持蛋糕長時間不變形，在製作的過程中就常會使用這種人造奶油，不過在製作頂級手工巧克力時就不適合使用了。

Chocolate Recipe

食材

（可製成30～33個2x2x2cm大小的9g果仁糖）

- 鮮奶油140g
- 可可含量30%以上的牛奶巧克力200g
- 紅茶葉子15～18g
- 可可粉少許

製作方法

1 將紅茶葉子加進鮮奶油裡加熱到微溫後冷卻；

2 剁碎牛奶巧克力，以隔水加熱法融化後，繼續攪勻以避免結塊，直到冷卻至微溫；

3 撈出①鮮奶油裡的葉子後與②混合；

4 將③倒在烘焙紙或保鮮膜上，厚度2cm，放在陰涼處凝固一天；

5 將已凝固的④切成2x2x2cm大小後，沾裹可可粉，並抖掉多餘的可可粉。

Master's Tip

為了避免巧克力的濃郁搶過紅茶的味道，一般都會以牛奶巧克力來製作甘那許奶油。奶茶則建議選用純紅茶（Straight Tea）的印度阿薩姆（Assam）與中國雲南紅茶。在許多品牌的紅茶中，英國早餐茶（English Breakfast）與皇家茶（Royal Blend）的味道與香氣較重，所以與甘那許奶油混合後可明顯感受到紅茶散發出的香氣。想要讓巧克力裡的紅茶味較重時，可多加幾片紅茶葉子，不過為了避免茶的苦澀味，不宜久煮。

當綠茶與巧克力相遇時

綠茶松露巧克力

Greentea Fresh Truffle

Chocolate Story

綠茶經蒸過或烘焙加工，會抑制茶葉的氧化發黑。與巧克力混合的綠茶，基本上都是使用在背陰處栽培的嫩葉，蒸過曬乾磨成粉（綠茶粉又稱為抹茶粉）後，直接以粉狀與鮮奶油一起混合攪拌，所以磨得越細的綠茶粉，製作出的巧克力口感就越細緻。近來超市都有在銷售用冷水泡飲的綠茶粉，所以很容易購買到，不過也有人使用含有 10 ～ 15% 綠球藻（chlorella）的綠茶粉。

Chocolate Recipe

食材

（可製成30～35個3x3x1 cm大小的10g果仁糖）

- 鮮奶油120g
- 可可脂含量30%以上的白巧克力280g
- 抹茶粉12g
- 可可粉少許

製作方法

1 將鮮奶油稍微加熱後冷卻；

2 過篩抹茶粉後放進①裡，再用攪拌器打到發泡；

3 剁碎白巧克力，以隔水加熱法融化後，繼續攪勻以避免結塊直到冷卻；

4 將②與③拌勻之後，倒在烘焙紙或保鮮膜上，厚度1cm，放在陰涼處凝固一天。

5 將凝固的④切成3x3x1cm大小後，沾裹可可粉，並抖掉多餘的可可粉即可。

Master's Tip

與甘那許奶油一起混合的食材不勝枚舉，可是與食材混合後要成為奶油狀，又必須能與巧克力結合，才能製作出味道又柔又滑的甘那許奶油。具有苦澀味的綠茶與香甜又滑潤的白巧克力非常搭配，而製作綠茶松露巧克力時，最重要的是抹茶粉務必要先和鮮奶油拌勻後，再與巧克力混合。

享受純粹天然的香草

香草松露巧克力

Vanilla Truffle

🌀 Chocolate Story

　　由於香草生產量少於需求量，屬於珍貴的香料，所以全世界所使用的香草有 90% 為人工香草精。天然香草都是將大小約一扠（拇指與食指伸張的長度）又有光澤的豆莢縱切成一半，刮下裡面的黑色種子來使用。香草可做成香草精、香草油、香草粉等，不過這些香草產品中使用天然香草的比例只有 5% 左右。只使用天然香草的產品上會標示香子蘭（Vanilla）成分，其他的都以香草醛（Vanillin）、香子蘭香（Imitation Vanilla Extract 人工合成香草精）等來標示。

🌀 Chocolate Recipe

食材

（可製成35～40個12g果仁糖）
- 鮮奶油100g
- 葡萄糖20g
- 香子蘭1/4個
- 牛奶巧克力200g
- 牛油10g
- 調溫黑巧克力1kg

製作方法

1 將鮮奶油、葡萄糖、香子蘭一起裝入碗裡隔水加熱以後，冷卻成微溫；

2 剁碎牛奶巧克力，以隔水加熱法融化後，繼續攪勻以避免結塊直到冷卻；

3 將①和②混合後攪勻成甘那許巧克力，然後與稍軟化的牛油拌勻；

4 將③放進裝有直徑為1～1.2cm花嘴的擠花袋裡，擠出8g左右大小的圓形狀，然後放在陰涼處凝固一天；

5 將④裹上調溫黑巧克力，再沾上可可粉，並抖掉多餘的可可粉。

Master's Tip

只以高級食材來製作巧克力的巧克力師傅，對人工香味與味道很敏感，而且非常排斥。天然香料的味道雖然不濃郁，卻散發著淡淡的香，提升了整體的味道與香氣，讓整個產品更具風味。反之，人工香料只要稍微多加點，不僅讓食材的味道過膩，也會引起頭痛。天然香草豆莢雖然本身沒有味道，卻能讓其他食材的味道與香氣更豐富、更加滑嫩。天然香草豆莢呈微黑色，種子比沙粒還要小，如果加進像白巧克力顏色對比強烈的食材內時，一眼就看得出來。

散發香料獨特香氣的

肉豆蔻松露巧克力
Nutmeg Truffle

◉ Chocolate Story

　　甘那許奶油裡散發著肉豆蔻（Nutmeg）香氣的巧克力，味道會是如何呢？將我們陌生的肉豆蔻香料加進巧克力裡製成果仁糖，有的人對這種新口味充滿好奇且享受不已；相對的，有的人卻不太能接受肉豆蔻的胡椒嗆鼻味，更何況與巧克力的味道南轅北轍，因此一般人對這種巧克力喜惡就很分明。不過多接觸幾次這種天然肉荳蔻的獨特香氣後，相信你會不知不覺地沉溺於這種果仁糖的魅力。

◉ Chocolate Recipe

食材

（可製成30～35個14g果仁糖）

- 鮮奶油100g
- 黑巧克力100g
- 牛奶巧克力100g
- 肉豆蔻粉5g
- 白蘭地少許
- 調溫黑巧克力1kg
- 糖粉少許

製作方法

1 鮮奶油稍微加熱後冷卻至微溫；

2 剁碎牛奶巧克力與黑巧克力，以隔水加熱法融化後，繼續攪勻以避免結塊直到冷卻；

3 將①與②倒在一起並用攪拌器攪勻，再加進肉豆蔻粉與白蘭地拌勻；

4 將③放進裝有直徑為0.5～0.7cm花嘴的擠花袋裡；

5 擠出長約3cm且8～9g左右大小的長形狀，並放在陰涼處凝固一天，然後沾裹調溫黑巧克力與糖粉即可。

Master's Tip

在台灣肉豆蔻屬於中藥材。除了肉豆蔻外，也會將包覆在肉豆蔻核仁上的肉豆蔻皮（Mace）磨成粉來使用。肉豆蔻與胡椒類似，帶有微辣的香氣，但肉豆蔻皮味道更細緻也比較昂貴。在歐洲製作馬鈴薯料理、肉類、湯類、蔬菜汁、蛋糕或餅乾等，幾乎都會用到肉豆蔻，算是非常普遍的香料。尤其料理比利時名產抱子甘藍（Brussels Sprouts）時，更是不可或缺的香料。雖然在歐洲肉豆蔻使用之普遍如同麻油在亞洲一樣，不過對我們而言仍是種陌生的香料。

充滿新鮮草莓香氣的

草莓松露巧克力

Strawberry Truffle

Chocolate Story

所謂的利口酒（Liqueur，又稱為香甜酒）是在蒸餾酒中添加了水果、種子、甜味料、藥草或香料等味道與香氣的酒。由於增添了甜味，所以常使用於雞尾酒、餐後酒、甜點與巧克力。在法國酒精濃度為 15% 以上，添加的萃取物（extract）為 20% 以上的酒才能稱為利口酒。如果添加之萃取物為 40% 以上時，利口酒前面則會再加上 Creme 稱為奶酒（Creme Liqueur），並且歸類為頂級利口酒。在美國分為添加天然香的利口酒與人工香的香甜酒（Cordial）。草莓松露巧克力是添加草莓利口酒的果仁糖，而最具代表性的草莓利口酒為覆盆子利口酒（Creme de Framboise）。

Chocolate Recipe

食材

（可製成35～40個14g果仁糖）

- 鮮奶油100g
- 白巧克力220g
- 草莓粉20g
- 草莓利口酒15g
- 調溫黑巧克力1kg
- 糖粉少許

製作方法

1 鮮奶油稍微加熱後，冷卻至微溫；
2 將草莓粉放進①裡，用攪拌器攪勻；
3 剁碎白巧克力，以隔水加熱法融化後，繼續攪勻以避免結塊直到冷卻；
4 將②放進③裡攪勻後，再加進草莓利口酒拌勻；
5 將④放進裝有直徑為1～1.2cm花嘴的擠花袋裡，擠出8g左右大小的圓形後凝固一天；
6 將⑤沾裹調溫黑巧克力與糖粉。

Master's Tip

CACAO BOOM 店裡都會採收一年使用分量的當季新鮮草莓，然後曬乾磨成粉密封保存，再放進冷凍庫裡保存。建議使用草莓產地的草莓來製成有機草莓粉，色澤更鮮艷欲滴，味道與香氣更美味芬芳，與鮮奶油攪拌做成的甘那許將會特別的香、特別的濃郁。由於每年盛產的草莓味道多少有些差異，所以依著不同的草莓品種，巧克力的味道也些微不同，而利口酒剛好可以統一這之間的味道差異。

猶存一股清涼餘韻的

薄荷松露巧克力
Mint Truffle

🌀 Chocolate Story

薄荷（Mint）是種繁殖力強，在世界各地皆可見的香草。種類有綠薄荷、鳳梨薄荷、胡椒薄荷、薑薄荷等多種。薄荷具有安神作用，清涼味較重的有抗菌、紓解疼痛等等功效，主要可做為茶、香料、口香糖、糖果、牙膏、化妝品或沐浴用品等材料。一般都會將曬乾的薄荷葉子與莖密封保存，可拿來沖茶飲用；也可在院子或花盆裡種植薄荷，隨時取用新鮮的薄荷。此外，野生的薄荷可摘剪做為沐浴用品，具有清潔皮膚的效果。當然，薄荷也與巧克力非常搭配。

🌀 Chocolate Recipe

食材	製作方法
（可製成30個14g果仁糖）	**1** 把椰絲放進已預熱160℃的烤箱裡，大約烤10分鐘（約1/3椰絲烤成焦黃狀）；
• 鮮奶油120g	**2** 將薄荷葉加進鮮奶油裡加熱後冷卻至微溫；
• 黑巧克力200g	**3** 剁碎黑巧克力，以隔水加熱法融化後，繼續攪勻以避免結塊直到冷卻；
• 薄荷葉3g	**4** 撈除②裡的薄荷葉後，倒進③裡並用攪拌器攪勻；
• 調溫黑巧克力1kg	**5** 將已攪勻的④放進裝有直徑為1～1.2cm花嘴的擠花袋裡，擠出8g左右大小的圓形後凝固一天；
• 椰絲100g	**6** 將⑤沾裹調溫黑巧克力與椰絲。

Master's Tip

很多人將薄荷香與牙膏、口香糖或防腐劑裡的人工薄荷香畫上等號，因而懼怕薄荷味甚至排斥。如果因為這種偏見，而拒絕接觸由天然薄荷葉製作出來的薄荷松露巧克力，那麼你將會錯過這種口感清爽的巧克力。尤其本頁介紹的薄荷松露巧克力，是以濃郁的椰香氣，包覆著強烈卻不失清爽味道的薄荷巧克力，更是CACAO BOOM店裡深受顧客喜愛的新人氣產品。

巧克力與咖啡的苦甜滋味

咖啡松露巧克力
Coffee Truffle

◉ Chocolate Story

讓巧克力裡散發咖啡味道的食材有即溶咖啡、咖啡原豆、摩卡膏、咖啡利口酒，除此之外還有人工添加物等。味道溫和的即溶咖啡是大家最熟悉的咖啡，苦味較強的摩卡膏則是由咖啡豆萃取物裡的油脂成分混合而成的，其中的咖啡豆不是使用咖啡粉就是直接使用原豆，所以味道與香氣最為濃郁，而且放進嘴裡可以咬到咖啡原豆的口感為最大的特色。由於這些咖啡的品質各有差異，所以根據使用的原料，或可品嚐到不同的咖啡味道。

◉ Chocolate Recipe

食材

（可製成30～35個11g果仁糖）

- 鮮奶油80g
- 牛奶巧克力220g
- 牛油30g
- 摩卡膏15g
- 咖啡利口酒少許
- 調溫黑巧克力1kg

製作方法

1 鮮奶油稍微加熱後冷卻成微溫；

2 剁碎牛奶巧克力，以隔水加熱法融化後，繼續攪勻以避免結塊直到冷卻；

3 混合①與②後，加進已稍軟化的牛油攪拌，再與摩卡膏混合拌勻；

4 將③放進裝有直徑為1～2cm花嘴的擠花袋裡，擠出10g左右大小的圓形後凝固一天；

5 將④放在調溫黑巧克力上，用食指來回滾動沾勻；繼續重複⑤的動作兩遍後，靜置凝固。

Master's Tip

摩卡膏可以先與已稍軟化的牛油混合後，再放進甘那許奶油或白蘭地裡混合。如果添加少許的咖啡利口酒，如卡魯哇（**Kahlua**）咖啡酒時，可柔和苦味較重、咖啡味不足的摩卡膏味道，並讓咖啡香味更加豐富。若將本頁食譜中的摩卡膏改成即溶咖啡，味道也會非常的搭配。只是使用即溶咖啡時，必須先浸泡在酒裡使咖啡粉完全融化，才能製作出口感佳的巧克力。

散發著酒香與蛋味的

野櫻桃酒巧克力

Maraschino

⊚ Chocolate Story

　　野櫻桃酒巧克力散發著黑櫻桃（Marasca）的味道，香甜中帶有苦味的蒸餾酒口味。此種野櫻桃利口酒若不易購買，可用另一種櫻桃蒸餾酒櫻桃酒（Kirsh）或橙酒（Cointreau）來替代。如果不喜歡酒味，可添加能去除雞蛋腥味的白蘭地或蘭姆酒，若添加酒精濃度 40 度以上的利口酒時，除了提升巧克力的味道與香氣外，還可以延長保存期限。對手工製作不加內餡的巧克力而言，如同料理中不可或缺的佐料一樣，酒也是製作巧克力必備的食材。

⊚ Chocolate Recipe

食材	製作方法
（可製成30～35個10g果仁糖）	**1** 加熱鮮奶油；
● 鮮奶油50g	**2** 將打好的蛋黃裡加點①，用攪拌器打成奶油狀後放至冷卻；
● 蛋黃1個	**3** 剁碎白巧克力，以隔水加熱法融化後，繼續攪勻以避免結塊直到冷卻；
● 白巧克力100g	**4** 混合②、③，並加進野櫻桃酒拌勻，再灌進由調溫黑巧克力製成的外殼裡至八分滿；
● 野櫻桃酒12g	**5** 以調溫黑巧克力披覆在④上成型，凝固後脫模取出。
● 調溫黑巧克力 1kg	

> ### Master's Tip
> 將蒸、烤甜點時常用的雞蛋加進巧克力裡，雖然有些不習慣，可是把蛋黃加進甘那許奶油裡時，可愛的黃色不僅豐富了視覺，也讓味道更加甜美。如果再倒進一些高級利口酒，更能增添特有的口感與香氣。然而要將打好的蛋黃加進熱鮮奶油時，必須一點一點地加進去，同時還得不停地輕輕攪拌以避免結塊，直到變成奶油狀。雞蛋的腥味雖可藉由酒來解除，但還是挑選新鮮、品質優的蛋為佳。

讓喜歡酒的人一見鍾情的

威士忌甘那許巧克力

Whisky Ganache

🌀 Chocolate Story

　　威士忌是由麥芽、玉米等穀物發酵後蒸餾而成。根據原料而有不同的名稱，例如用麥芽製成的威士忌稱為麥芽威士忌（Malt Whiskey）、由玉米及其他穀物製成的稱為穀物威士忌（Grain Whisky），由上述兩種威士忌混合而成的稱為調和式威士忌（Blended Whisky）。而以產地分類的威士忌中，蘇格蘭威士忌與愛爾蘭威士忌是由大麥製成，波本威士忌（Bourbon Whiskey，美國特產的威士忌）的原料為玉米，加拿大威士忌為白蘭地威士忌。麥芽威士忌的色澤與香氣濃郁，穀物威士忌色澤與香氣較清淡。基本上，甘那許裡添加一些威士忌，甘那許的口感將會更滑嫩，更能將巧克力的味道提升至另一種層次。

🌀 Chocolate Recipe

食材

（可製成40～45個10g果仁糖）

- 鮮奶油100g
- 牛奶巧克力100g
- 威士忌20g
- 調溫黑巧克力1kg以上
- 調溫牛奶巧克力1kg以上

製作方法

1 用調溫黑巧克力製作成巧克力外殼後凝固待用；
2 鮮奶油稍微加熱後冷卻至微溫；
3 剁碎牛奶巧克力，以隔水加熱法融化後，繼續攪勻以避免結塊直到冷卻；
4 混合②、③，再加進威士忌一起攪勻後，放進裝有直徑為0.5～0.7cm花嘴的擠花袋裡；
5 將④擠到①外殼裡至八分滿；
6 以調溫牛奶巧克力將⑤披覆成型，凝固後脫模取出。

Master's Tip

給人灼烈印象的酒精，一般都會用柔和的牛奶巧克來調和，所以酒的愛好者很容易就被這類巧克力給擄獲了。比起以濃烈的威士忌與糖漿混合做成酒心糖內餡的巧克力，將酒直接混合於巧克力裡，味道更加柔和，而且也能被不喜歡酒味太重的人接受。製作這類巧克力時往往會為了加重酒味或降低成本而改用其他酒，不管哪類的酒，使用的酒越好製作出來的巧克力味道應該會越香醇。

干邑白蘭地親吻巧克力

一吻微醺

Kissing You

◎ Chocolate Story

　　干邑（Cognac）是被全世界認定為一等一的白蘭地，產於法國干邑地區。白蘭地是將葡萄酒蒸餾後，由 9ℓ 的葡萄酒製成 1ℓ 的白蘭地，也因為如此，白蘭地的價格比較高，而干邑是其中價格最為昂貴的酒。一般干邑發酵的時間若為 5 年以上的稱為 VO，10 年以上的稱為 VSOP，20 年以上的稱為 XO，30 年以上的稱為 Extra。這種分類法僅是為了區別法國干邑地區與雅馬邑（Armagnac）地區生產的白蘭地，並非絕對的標準。飲用干邑的時機通常會在飯後，所以微溫的干邑最為適合，這就是為什麼喝干邑時，大家都會用手掌托著酒杯下方轉一轉，慢慢品酩。

◎ Chocolate Recipe

食材

（可製成50～55個11g果仁糖）

- 鮮奶油100g
- 牛奶巧克力200g
- 干邑20g
- 調溫黑巧克力1kg以上

製作方法

1　用調溫黑巧克力製作成巧克力外殼後凝固待用；

2　加熱鮮奶油後冷卻至微溫；

3　剁碎牛奶巧克力，以隔水加熱法融化後，繼續攪勻以避免結塊直到冷卻；

4　混合②、③，再與干邑一起拌勻後，放進裝有直徑為0.5～0.7cm花嘴的擠花袋裡，擠進①巧克力外殼裡至八分滿；

5　再以調溫黑巧克力將④披覆成型，凝固後脫模取出。

Master's Tip

世界著名的白蘭地有法國干邑、雅馬邑、諾曼第地區的蘋果白蘭地、卡爾瓦多斯（Calvados）以及瑞士、德國、法國的櫻桃白蘭地。在本食譜裡使用的白蘭地，如果沒有特別指定品牌時，只要選擇品質合適、價格比較沒有負擔的葡萄白蘭地來製作即可。「Kissing You」是 CACAO BOOM 店裡的巧克力師傅，從干邑的熱情與甘那許的溫柔中聯想到親吻的感覺而命名。

滿溢榛果香氣的

榛果甘那許巧克力

Hazelnut Ganache

Chocolate Story

榛果膏是指先用砂糖熬成的焦糖，塗抹在杏仁或榛果上，然後磨成粉再製成膏狀。當堅果類裡的油脂成分與焦糖混合後，嚐起來味道特別的香甜。榛果膏可以用強力粉碎機親手製作，或購買市面上的成品。當砂糖的含量比榛果還多時，可添加一些植物油，讓榛果膏更柔軟、均勻。不過建議砂糖與堅果類的含量最好相等，或讓堅果類含量較高，也就是說，最好不要使用到植物油，這樣榛果膏的味道才會更好。

Chocolate Recipe

食材

（可製成35～40個11g果仁糖）

- 鮮奶油100g
- 榛果膏100g
- 牛奶巧克力100g
- 白蘭地5g
- 調溫黑巧克力1kg

製作方法

1 用調溫黑巧克力製作成巧克力外殼後凝固待用；

2 把鮮奶油稍微加熱後冷卻至微溫；

3 剁碎牛奶巧克力，以隔水加熱法融化後，繼續攪勻以避免結塊直到冷卻；

4 混合②、③，再加進榛果膏與白蘭地一起拌勻後，放進①巧克力外殼裡至八分滿；

5 當④凝固時，再以調溫黑巧克力披覆成型，凝固後脫模取出。

Master's Tip

榛果甘那許的構想是以義大利皮埃蒙特區杜林（Turin，Piedmont）的傳統巧克力榛果巧克力（Gianduiotto）的形狀而製成的。杜林還有另一個名產是塗抹在麵包上的榛果巧克力醬（Nutella）。本食譜雖然不是製作榛果巧克力，可是模型非常適合製作添加榛果的甘那許，所以選用了此款的模型。一般都會選擇讓人聯想到味道或與形狀、內餡搭配的巧克力模型，不過其中仍以是否裝得下內餡分量為最主要考量，當然包覆表層的巧克力與灌進的內餡，融入嘴裡的口感與味道的比例也都必須要考量到。

令人印象深刻的嗆辣味

辣胡椒巧克力
Chili Pepper

Chocolate Story

墨西哥紅番椒（**Chilli**）為辣味較重的辣椒，大小不一，有著不同的顏色，如紅色、黃色、紫色、綠色和黑色等。隨著哥倫布發現南美洲而傳進歐洲，如今全世界都有栽培。卡宴辣椒粉（**Cayenne Pepper**）是將乾燥後的番椒磨成粉而製成的，為塔巴斯科辣椒醬（**Tabasco**）的主要材料，塔巴斯科是盛產墨西哥紅番椒的主要產地。墨西哥紅番椒含有豐富的維他命 C，可預防感冒，具有特強的抗菌功效。一般作為巧克力與熱巧克力食材的墨西哥紅番椒，不是曬乾就是磨成粉來使用。現今只要在進口香料的商店裡就可購買到。

Chocolate Recipe

食材

（可製成30～35個約3x 2.5x1cm的12g果仁糖）
- 鮮奶油100g
- 黑巧克力130g
- 牛奶巧克力50g
- 牛油35g
- 辣胡椒粉4ml
- 調溫黑巧克力500g以上
- 裝飾用辣胡椒粉少許

製作方法

1 將辣胡椒粉加進鮮奶油裡，稍微加熱後冷卻至微溫；

2 剁碎黑巧克力與牛奶巧克力，以隔水加熱法融化後，繼續攪勻避免結塊直到冷卻；

3 混合①、②後，再與已稍軟化的牛油混合攪勻；

4 將③鋪開成1cm的厚度，等凝固後，再在表層塗抹上薄薄的調溫黑巧克力，最後切成3×2.5cm大小凝固一天；

5 將已凝固的④稍稍浸泡在調溫黑巧克力裡，再撈出來直接放在烘焙紙上凝固（在表層還沒有完全凝固時，撒上少許的辣胡椒粉作為裝飾）。

Master's Tip

把可可製成飲料來喝的墨西哥人，除了辣味的辣椒外，還會在熱巧克力裡添加肉桂、香草等，以及當地所盛產的各種香料。此後很多巧克力師傅也試圖融合巧克力的香甜與辣味，倒也成功製作出幾項產品，不過仍需要特別謹慎對待這兩種口味的混合比例。本頁食譜的巧克力味道，添加了甘那許奶油與具有嗆辣味辣椒粉的巧克力，味道的鮮明對比將令人印象深刻，因為刺激性的辣胡椒粉與滑嫩的巧克力混合後，放進嘴裡後總會讓人驚訝。

如葡萄酒般的深醇香甜

圓葉葡萄巧克力

Muscadine

Chocolate Story

　　圓葉葡萄（Muscadine）的果實含有豐富的多酚（polyphenol），以營養學而言是價值非常高的葡萄。這類葡萄一般都是添加砂糖後製成香甜的葡萄酒，所以屬於甜酒類，是波特酒（Port Wine）的主要原料。常見到有些巧克力沒有添加由圓葉葡萄釀成的圓葉葡萄酒，卻仍以圓葉葡萄為名，筆者認為很可能是因為讓人有種吃到圓葉葡萄酒的感覺吧！這個巧克力經過很多巧克力師傅的巧手，或許因形狀、比例不同，或是結合其他巧克力後，名稱多多少少都有些變化。

Chocolate Recipe

食材

（可製成30個約3x2.5x1cm大小的12g果仁糖）

- 鮮奶油60g
- 糖漿10g
- 牛奶巧克力170g
- 櫻桃白蘭地7g
- 橙酒7g
- 調溫黑巧克力1kg
- 裝飾用的可可粒

製作方法

1 混合鮮奶油與糖漿並稍微加熱後冷卻至微溫；

2 剁碎白巧克力，以隔水加熱法融化後，繼續攪勻以避免結塊直到冷卻；

3 將①、②、櫻桃白蘭地、橙酒混合後，以1cm的厚度鋪在烘焙紙或保鮮膜上凝固一天；

4 在已凝固的③表層塗抹一層薄薄的調溫黑巧克力後，切成3x2.5cm大小，再浸泡入調溫黑巧克力裡，撈起後在未凝固的表面上撒一些可可粒做裝飾。

Master's Tip

所謂的糖漿（Trimoline）是由單糖類的葡萄糖（Glucose）與果糖（Fructose）綜合而成，又稱為轉化糖漿（Invert sugar syrup）。甜度與濕度比砂糖高，又可以阻止砂糖再結晶，所以製作甜點時常使用。轉化糖漿最常見於巧克力食譜裡的甘那許種類中，因為它不僅可以防止奶油再次結晶、保持口感綿密與滑嫩，更可增加巧克力穩定性以及延長保存期限。

酸酸甜甜的熱情滋味

百香果巧克力
Passion Fruit

🌀 Chocolate Story

百香果是比檸檬略小的圓形熱帶水果，外皮為紅色或紫黑色，切開來有很多又小又黑的籽在果肉裡，味道與香氣非常的濃烈，一般都直接食用，或挖出果肉做成果汁飲用，除此之外也是甜點常用的食材。如果添加在巧克力裡，那種酸酸甜甜又滑嫩的口感，真是絕佳的風味啊！百香果屬於熱帶水果，所以可在當季購入，將百香果的果肉加上 10% 的砂糖熬煮成泥，就可冷凍起來備用。

🌀 Chocolate Recipe

食材

（可製成30個約3x2.5x1
cm大小的12g果仁糖）

- 鮮奶油30g
- 葡萄糖20g
- 冷凍百香果泥200g
- 牛油10g
- 白巧克力160g
- 檸檬利口酒3g
- 調溫黑巧克力1kg
- 裝飾用橘粉少許

製作方法

1 將冷凍百香果泥放進鍋子裡用小火熬煮；

2 將鮮奶油與糖漿稍微加熱後冷卻至微溫；

3 剁碎白巧克力，以隔水加熱法融化後，繼續攪勻以避免結塊直到冷卻；

4 將①、③、牛油放進②裡混合；

5 再將檸檬利口酒加進④裡混合後，以1cm的厚度鋪在烘焙紙或保鮮膜上凝固一天；

6 在已凝固的⑤表面塗抹一層薄薄的調溫黑巧克力後，切成3x2.5cm大小的塊狀；

7 再將⑥浸入調溫黑巧克力，撈起後再撒一些橘粉作為裝飾。

Master's Tip

這種巧克力若沒做好，白巧克力的香甜味道很容易壓過百香果的酸甜味，所以在熬煮百香果泥時添加一些檸檬汁，或者最後在巧克力裡加一點檸檬利口酒，可鮮活其中的酸甜味。內裡為黃色百香果泥甘那許與白巧克力的酸甜混合，外層覆蓋著黑巧克力，一口咬下，先竄進口腔的是黑巧克力的苦甜味道，隨之而來的淡淡酸甜味，瞬間讓舌尖層次鮮明起來。在 CACAO BOOM 店裡，百香果巧克力會在最後撒上濟州島盛產的無農藥有機橘子皮曬乾所製成的橘粉作為裝飾。

巧克力香甜裡的秘密

開心果巧克力
Pistachio Marzipan

🍫 Chocolate Story

　　去掉堅硬的外殼與內皮後，就會出現綠色的開心果。開心果屬於堅果類，為漆樹科（Anacardiaceae）樹木的果實，是一種沙漠植物，原產地在伊朗，所以伊朗盛產的開心果最有名。色澤越鮮綠，品質越頂級，在堅果類中屬高價位。由於含有所謂的漆酚（Urnshiol）成分，所以很有可能引發過敏，有過敏體質者食用時須小心。由於色、香、味都很特別，時常使用於冰淇淋、甜點裡，甚至製成膏狀來銷售。開心果含有大量的維他命E與鐵質，可預防貧血且具有抗癌功效，當然開心果的味道也與巧克力非常搭配。

🍫 Chocolate Recipe

食材

（可製成20～22個13g果仁糖）
- 杏仁膏200g
- 開心果10g
- 調溫牛奶巧克力1kg
- 調溫黑巧克力200g左右

製作方法

1 剁碎開心果；

2 將撕成小塊的杏仁膏放進①裡混合；

3 將②分成數個約10g大小，皆捏成圓球狀，再用拇指與食指捏出拱形屋頂狀後凝固一天。

4 將③輕輕浸入調溫牛奶巧克力後，撈起放在烘焙紙上等待凝固；

5 用調溫黑巧克力在④上畫出條紋來裝飾。

Master's Tip

伊朗產的開心果雖然價格比較高，可是其味道與香氣極佳，綠色堅果的顏色又鮮明，非常適合作為裝飾用，所以深受很多人喜愛。剁碎後與杏仁膏混合時，開心果的典雅綠色，搭配上杏仁膏裡的乳白杏仁，無論是賣相與口味都更加誘人。只是製作時，當開心果與杏仁膏裡的油脂混合後，若再與手溫接觸，油脂很容易會流出來，所以最好用手指輕輕地快速捏好。製作此種巧克力時，也可以使用開心果粉或開心果膏。

模樣逗趣的

甘那許卷

Ganache Roll

🌀 Chocolate Story

基本上杏仁膏不是親自製作，就是直接使用已加工好的成品，其品質的鑑定在於杏仁與砂糖的比例。如杏仁含量為60%左右時味道最豐美，可作為果仁糖的內餡。但杏仁的油脂成分若過高，與其他食材混合時油脂很容易分離，所以就味道與製作而言，杏仁含量為50%最為合適，而含量為40%以下的杏仁膏，只能使用於裝飾。磨成細粉的杏仁粉更便於製作出精緻的形狀，吃進嘴裡時還會有一種綿密的口感，而顆粒較粗的杏仁膏味道則比較濃郁。

🌀 Chocolate Recipe

食材

（可製成30～33個15g果仁糖）

- 杏仁膏250g
- 開心果15g
- 鮮奶油60g
- 黑巧克力125g
- 調溫黑巧克力1kg

製作方法

1 加熱鮮奶油後冷卻至微溫；

2 剁碎黑巧克力，以隔水加熱法融化後冷卻；

3 混合①與②後，將開心果剁碎放進去一起攪勻；

4 將③放進裝有直徑為1.5cm花嘴的擠花袋裡，在烘焙紙或保鮮膜上擠出20cm長條後凝固一天；

5 把杏仁膏擀成長度約為20cm、厚度約為0.3cm的四方型後，放上④並捲起來；

6 將毛刷沾上調溫黑巧克力後，轉動⑤在外層上塗抹調溫黑巧克力，等凝固後再塗抹一次；

7 把調溫黑巧克力裝進擠花袋裡，在已凝固的⑥上擠出長條紋作為裝飾，最後再切成約3cm大小。

Master's Tip

雖然也可以將開心果剁成大碎塊加進甘那許裡增加口感，但磨成細粉的開心果與杏仁膏混合後，杏仁膏則成為綠色，與黑巧克力甘那許相互襯托，更令人眼睛為之一亮。當杏仁膏包住甘那許時，只要用力一壓很容易擠出甘那許內餡，所以要輕輕地捲起甘那許，乾淨俐落地切下多餘的杏仁膏，最後將接合處那一面朝下擺放，呈現出作品最漂亮那一面。

越嚼越香的

牛軋糖巧克力

Patricia

⦿ Chocolate Story

牛軋糖巧克力是以杏仁膏與酥脆的法式牛軋糖（Nut britlle，又稱為堅果酥糖）製成的果仁糖。由於杏仁、堅果、巧克力等都是歐洲人喜歡的食品，所以深受歐洲人喜愛。

⦿ Chocolate Recipe

食材

（可製成30個14g果仁糖）

- 杏仁膏200g
- 杏仁20g
- 核桃20g
- 堅果酥糖20g
- 裝飾用1／2大小的核桃30個
- 調溫黑巧克力1kg

製作方法

1 將核桃、杏仁剁碎後加進杏仁膏拌勻；

2 混合①與堅果酥糖後，擀成1cm厚度；

3 把直徑為3cm的橢圓形模具壓在②上，取出後凝固一天；

4 以調溫巧克力塗抹③後，再擺上裝飾用的核桃。

堅果酥糖的製作方法

- 砂糖50g
- 杏仁碎片15g
- 牛油5g

1 將砂糖放進平底鍋熬煮，直到顏色變成棕色；

2 將奶油、杏仁碎片、放進①裡攪勻後，迅速倒在不沾鍋裡，鋪開等待冷卻；

3 將②倒出來並用小棒槌敲成顆粒狀。

Master's Tip

杏仁膏很容易塑型，而且水分比較少，所以方便與其他食材搭配出各種口味。只是國人對杏仁膏的味道仍覺得陌生，當滿懷期待地咬一口榛果巧克力時，就會失望地表示「這不是巧克力」。還好內餡裡有杏仁、核桃、砂糖等，所以會越嚼越香甜，慢慢品嚐出頂級杏仁膏的真正風味。

比咖啡還要濃郁誘人的

榛果咖啡巧克力
Hazelnut Cafe

🌀Chocolate Story

　　榛果膏最大的特色就是具有香醇滑嫩的味道與口感，又稱為果仁糖奶油（Praline Cream）。榛果膏最常被使用於比利時式巧克力中，所以在比利時巧克力專賣店裡，隨處可見包有果仁糖奶油的巧克力。榛果咖啡巧克力深受國人喜愛，只是內餡經過長時間的保存後，油脂容易浮至上層，所以在使用前最好再次攪和均勻。若需保存至一年左右時，必須保存在陽光不會直射的陰涼處；保存期間如有異味，就算還沒有過期也最好不要使用了。

🌀Chocolate Recipe

食材

（可製成32個約3 x 2.5 x
1cm大小的13g果仁糖）

• 榛果巧克力100g
• 榛果膏100g
• 牛奶巧克力100g
• 即溶咖啡5g
• 白蘭地10g
• 調溫牛奶巧克力1kg
• 裝飾用咖啡豆30顆以上

製作方法

1 用微波爐或隔水加熱法融化榛果巧克力；

2 剁碎牛奶巧克力，以隔水加熱法融化後，繼續攪勻以避免結塊直到冷卻；

3 將榛果膏與①攪勻後，再與②混合；

4 將即溶咖啡放進白蘭地裡溶化，再與③混合攪勻後，以1cm的厚度鋪在烘焙紙或保鮮膜上凝固；

5 在已凝固的④表面塗抹一層薄薄的調溫牛奶巧克力，並切成3 x 2.5cm大小塊狀後凝固一天；

6 把調溫牛奶巧克力塗抹在⑤上，再加顆咖啡豆裝飾後等待凝固。

Master's Tip

以咖啡豆磨成的粉所製成的咖啡，味道比即溶咖啡更加精緻；可是咖啡粉混合於奶油後，使得口感不夠滑順，有些人不喜歡咖啡粉殘留在嘴裡，甚至有些人根本不習慣將咖啡粉吃進嘴裡。於是為了更大眾化，現在大多會使用即溶咖啡。本食譜裡所謂的即溶咖啡，不是那種一次沖泡式的三合一即溶咖啡，而是將濃縮咖啡冷凍乾燥而成的顆粒式咖啡。

酥脆香醇超有個性的

牛軋糖巧克力棒

Nougatine Stick

Chocolate Story

巧克力牛軋糖（Nougatine）又稱為法式牛軋糖（French Nougat），與堅果酥糖是相同的意思。將砂糖熬成焦糖後，與堅果、牛油混合冷卻就變成了酥脆的糖果。將這糖果搗碎，或擀成方形或圓形薄片後，撕切下來作為果仁糖的材料；或趁熱時，利用可塑的特性作為裝飾品的一部分。雖然製作過程並不難，可是若凝固過頭變得堅硬再來切開或塑型就比較困難了，所以最好趁熱時快速製作。

Chocolate Recipe

食材

（可製成30個約1.5 x 6 x 1 cm大小的16g果仁糖）

- 堅果酥糖50g
- 榛果膏130g
- 黑巧克力170g
- 調溫黑巧克力1kg

製作方法

1 黑巧克力融化後冷卻，再與榛果膏混合；

2 混合①與堅果酥糖後，以1cm的厚度鋪開；

3 等②的表面凝固後，在上層塗抹一層薄薄的調溫黑巧克力，並切成1.5X6cm大小的條狀後凝固一天；

4 在③上塗抹調溫黑巧克力後，再加上條紋裝飾。

♥ 堅果酥糖製作方法：請參見第72頁。

Master's Tip

堅果酥糖有著酥脆的口感與香甜的味道，讓單調的巧克力吃起來添加不少樂趣。製作中弄碎堅果酥糖後剩下來的糖碎，在還未受潮前，最好密封起來放入冰箱保存。口感酥脆的牛軋糖巧克力棒由於是以砂糖為主食材，比起炎熱又悶濕的夏天，更適合在冬天食用，因為夏天砂糖容易快速融化，果仁糖容易漏出來變軟，牛軋糖巧克力棒便會失去酥脆的口感。

人見人愛的精緻風味

綜合堅果巧克力塊

Splitter Truffle

🍫 Chocolate Story

本食譜是將自己喜歡的堅果例如杏仁、榛果、開心果、核桃等切成細條，再與巧克力混合做成塊狀的果仁糖。形狀凹凸不平，看似隨手簡單拈出的，其實必須混合拌勻各食材（巧克力與杏仁膏等），還要計算好分量，以及在凝固前快速塑型等複雜過程。比起烤過後再切開，堅果最好先切再烤，這樣才切得俐落、不易破碎。在切堅果時，為了避免堅果蹦出去，先將刀的尖端固定在砧板上，然後一刀壓下並切開。

🍫 Chocolate Recipe

食材	製作方法
（可製成30～33個9g果仁糖） ● 杏仁50g ● 榛果50g ● 開心果50g ● 杏仁膏50g ● 白巧克力100g	**1** 將杏仁、榛果、開心果等所有堅果分別切成四塊長條形，再放進以160℃預熱好的烤箱裡，烤10分鐘後冷卻； **2** 剁碎牛奶巧克力，以隔水加熱法融化後，繼續攪勻以避免結塊直到冷卻； **3** 將榛果膏放進①裡混合，再倒進②裡混合拌勻後，快速用湯匙舀到烘焙紙上凝固。

Master's Tip

國人很喜歡加有堅果類的果仁糖，那是因為這種果仁糖，散發著白巧克力與杏仁膏混合後那種細緻滑嫩的味道。至今仍記得第一次練習本食譜時失誤慌張的模樣，因為當時我一心想要做好送人，於是拼命將大家喜歡吃的松露巧克力加進去，然後又將「所有的」堅果與巧克力全部混合在一起，結果來不及拌勻與舀起，一下子全都凝固了。當製作的量比較多時，為了避免重蹈我的覆轍，一定要將堅果類與巧克力各分成 2 ～ 3 等分後再分別混合製作。

海潮味十足的

貝殼巧克力
Sea Fruit

🍫 Chocolate Story

比利時式的果仁糖中，以貝殼形狀而聞名的貝殼巧克力（Guylian），常見於全世界的超市與機場裡的禮品店。貝殼巧克力內餡為又香又脆的果仁糖，外層為帶有深淺不同顏色的大理石紋。在比利時手工巧克力專賣店裡，很常見到裝滿在籃子裡賣的貝殼形狀的果仁糖，這些果仁糖都沒有添加量產巧克力所使用到的植物性油脂，屬於頂級的果仁糖。

🍫 Chocolate Recipe

食材	製作方法
（可製成25～27個12g果仁糖）	**1** 用微波爐或隔水加熱法將榛果巧克力融化；
● 榛果巧克力100g	**2** 將榛果膏與①混合後，再與堅果酥糖混合；
● 榛果膏100g	**3** 將②放進裝有直徑為0.7cm花嘴的擠花袋裡；
● 堅果酥糖60g	**4** 將③擠進以調溫黑巧克力製成的外殼裡八分滿；
● 製作巧克力外殼所需的調溫黑巧克力1kg	**5** 等④的內餡凝固後，再以調溫黑巧克力披覆成型，凝固後脫模。

♥ 堅果酥糖製作方法：請參見第72頁。

Master's Tip

仔細觀察圖片裡的果仁糖，會發現有一邊不像一般巧克力外殼平滑，比較立體。這種形狀的巧克力是由一對平滑的模型組合而製成。也就是說首先與一般巧克力外殼一樣，做出兩個巧克力外殼，放進內餡後，再以披覆方式填滿成形。第二個模型披覆過後在還沒有凝固前，將兩個模型對貼起來等待凝固後再脫模。這種成對模型上都有互相接合的凸起與凹洞，只要對準扣上即可，或者就像一般的模型一樣，各自完成後脫模，再用調溫巧克力相互貼上即可。

像彩虹年糕一樣的巧克力

費加洛巧克力

Figaro

🍫 Chocolate Story

以前每次經過比利時根特（Ghent）名廚傑夫達莫（Jef Damme）的商店時，總是有種果仁糖深深吸引我的目光。這種果仁糖的形狀讓我聯想到韓國彩虹年糕，我不禁納悶：「這是怎麼做出來的呀？」後來在書店裡發現到他的食譜，也了解到原來是以條紋的技巧製作而成。製作條紋的方法雖然很簡單，但要讓條紋大小一致又俐落，且不浪費食材，必須要有幾項訣竅。

少量製作時，依照下列食譜製作將會簡單又輕鬆；可是量多時，最好製作或購買固定高度的四方模具，然後將食材一層層重複堆疊起來。那現在就來試試在杏仁膏裡添加開心果增色，再混合榛果與其他食材，讓果仁糖的顏色更豐富吧！

🍫 Chocolate Recipe

食材

（可製成30個11g果仁糖）

- 榛果膏100g
- 榛果巧克力100g
- 糖漿少許
- 調溫黑巧克力1kg

製作方法

1 用微波爐把榛果巧克力融化後，倒進高度0.3cm左右的方形模具裡；

2 將榛果膏擀成同①一樣的大小；

3 等①的榛果巧克力凝固後，在表層上塗抹糖漿，再疊上榛果膏；

4 將③分成三等分並在表層塗抹糖漿，然後一層層疊起來，形成六層；

5 將④切成1×3cm大小後，讓六層紋路朝上，除了最上層以外，其餘全都浸於調溫黑巧克力裡。

Master's Tip

本食譜裡的糖漿是指砂糖、葡萄糖、水等，以同等分量一起熬煮後冷卻而成。用毛刷輕輕的沾上，在榛果巧克力上薄薄地塗一層，這樣榛果巧克力與杏仁膏就會黏在一起不會脫落。

添加葡萄乾的新口味

波紋葡萄乾巧克力
Raisin Waves

◎ Chocolate Story

波紋葡萄乾巧克力（Raisin Waves）是添加葡萄乾的果仁糖。葡萄乾是曬乾的葡萄，裡面含有的糖分結晶化後，常常被當作零食，或是做為甜點、料理的食材等。葡萄的種類不同，顏色、形狀、大小等也有所不同，一般可分為紅葡萄曬乾的葡萄乾（Raisin）、青葡萄曬乾的無子葡萄乾（Sultana）兩大類。葡萄乾糖分含量為全部重量的70%，並含有3～3.5%的纖維與蛋白質，與其他堅果一樣零膽固醇，還具有抗氧化、抑制蛀牙細菌滋生的效用。

◎ Chocolate Recipe

食材

（可製成20個15g果仁糖）

● 杏仁膏100g

● 葡萄乾15g

● 白蘭地5g

● 榛果巧克力130g

● 調溫黑巧克力1kg

製作方法

1 將葡萄乾剁碎後，先浸泡在白蘭地裡；

2 將杏仁膏、融化的榛果巧克力與①混合後，擀成1cm厚度後凝固一天；

3 將②切成3×3cm大小，並浸入調溫黑巧克力裡之後撈起；在表層還沒有完全凝固時，用刮刀做出波紋。

Master's Tip

新食譜經常是在無意間發現的，就像本來想依照原食譜，先把榛果巧克力鋪成薄薄的一層凝固後，再把添加葡萄乾的杏仁膏鋪在上面後切開，做出由榛果巧克力與杏仁膏疊成的多層果仁糖。可是共同製作的巧克力師傅，不小心將所有食材全部混合在一起了，在重新製作前，嚐了一下這失誤的食材，沒想到口感與味道不遜於預定要製作的果仁糖，甚至還有種新鮮感。於是就這樣使用相同的材料，卻因為製作方法不同，而產生了新口味的果仁糖。

櫻桃白蘭地與櫻桃的頂級相會

櫻桃翻糖巧克力
Cherry Fondant

Chocolate Story

櫻桃翻糖巧克力裡添加了櫻桃白蘭地（Kirsch）。櫻桃白蘭地是用德國黑森林種植栽培，帶黑色光澤的櫻桃，連籽一起發酵後，蒸餾兩次而成的白蘭地（近來發現也有用其他櫻桃品種製成），酒精濃度為 40～50 度，在法國稱為 Eaux de vie。櫻桃白蘭地因為沒有在酒桶裡發酵，所以色澤清澈透明，一般都會倒入小酒杯裡做為餐後酒，不兌（加）水直飲，或做為黑森林蛋糕、德國空心蛋糕（Gugelhupf）的食材。櫻桃白蘭地不甜，散發著淡淡的櫻桃味，並帶有苦杏仁香氣。基本上為了要釀 750mℓ 的櫻桃白蘭地，大致需要 10kg 的櫻桃。

Chocolate Recipe

食材

（可製成30個14g果仁糖）

- 浸泡過糖漿的剖半櫻桃 30個左右
- 翻糖100g
- 櫻桃白蘭地10g
- 蜂蜜10g
- 調溫黑巧克力1kg

製作方法

1 將櫻桃白蘭地與蜂蜜放在一起攪勻；

2 翻糖撕成碎塊後，放進①裡拌勻以避免結塊；

3 用調溫黑巧克力製作成巧克力外殼後凝固；

4 將②放進裝有直徑為0.5cm花嘴的擠花袋裡；

5 將剖半的櫻桃放進③裡，再將④灌進去達八分滿後凝固；

6 在⑤裡的內餡凝固時，用調溫黑巧克力披覆成型後凝固脫模。

Master's Tip

翻糖是將熬煮的糖漿冷卻後，放在大理石上搓揉，讓糖漿分子更加細小，再結晶化為又軟又白的糖團。除了可做為餅乾、蛋糕、甜甜圈等的面料或巧克力的內餡外，還可依照食材製作出不同顏色與味道的甜點。一顆櫻桃翻糖巧克力裡的果仁糖需要 3～4g 左右的翻糖，所以就算添加了頂級的櫻桃，一般人仍覺得翻糖過甜，並對這種溢出糖漿的巧克力陌生而帶有偏見，實在令人惋惜啊！

洋溢酸甜鳳梨香氣的

夏威夷巧克力

Hawaii

◉ Chocolate Story

　　越往歐洲南方走，越容易看到裹上巧克力的水果巧克力專賣店，或是販賣著用糖醃漬的水果。望著飽滿又有光澤的各色糖漬水果堆疊起來的樣子，真是令人垂涎三尺啊！巧克力與糖漬水果意想不到地非常搭配，尤其是鳳梨，更是人見人愛。現在就來品嚐一下，由巧克力的甜與鳳梨的酸融合而成的夢幻組合吧！

◉ Chocolate Recipe

食材

（可製成32個16g果仁糖）

- 杏仁膏150g
- 鳳梨片4塊
- 調溫黑巧克力1kg
- 牛奶巧克力削片少許

製作方法

1 糖漬鳳梨片切成八份；

2 將杏仁膏擀成0.5cm厚度後，用鳳梨切片機或圓型壓模（直徑9cm、直徑3cm各一個）壓出甜甜圈形狀；

3 把①疊放在②上面，並用調溫黑巧克力批覆表層，然後撒上牛奶巧克力削片。

製作糖漬鳳梨的方法

- 砂糖200g
- 水100g
- 鳳梨片（厚度約1cm）4片

1 加熱水與砂糖，放進鳳梨繼續加熱；

2 將①放在室內一天，到了第二天再次加熱，等冷卻過後放入冰箱保存。

Master's Tip

只要曾經嚐過糖漬鳳梨，就會從試吃一口變成一口接一口吃個不停。原本就已有甜度的鳳梨，在吸收糖漿，水分減少後，變得又Q又香甜，好神奇啊！如果添加了杏仁膏，再用調溫黑巧克力批覆表層；完成後，整個巧克力實在讓人垂涎不已。酸甜鳳梨與巧克力搭配真是一絕，吃了後就會開始後悔當初「真不應該貪吃糖漬鳳梨，不然可以製作出更多夏威夷巧克力了。」其實在製作巧克力時，有些食材總是讓人無法忍受的誘人，又Q又黃澄澄的鳳梨就是其中一種。

堅果華麗地搖身一變

牛軋糖

Nougat

🌀Chocolate Story

　　巧克力牛軋糖可分為將蛋白打泡後與糖漿混合而成的白色牛軋糖（White Nougat），和沒有添加蛋白的棕色巧克力牛軋糖（Nougatine）。德國的「牛軋糖」是指添加了巧克力的果仁糖類。一般白色牛軋糖是將水果、堅果類、砂糖、蜂蜜等混合而成的糖果，廣受歐洲、美國、中東等國家喜愛。牛軋糖為聖誕節的主要甜點，只要混合不同食材，就可品嚐到不同口味的牛軋糖。

🌀Chocolate Recipe

食材

（可製成60〜65個9g果仁糖）

- 砂糖200g
- 水60g
- 葡萄糖45g
- 蜂蜜120g
- 蛋白25g
- 砂糖10g（此為兩組砂糖量）
- 榛果、杏仁、葡萄乾、杏子乾、開心果總共一杯（250ml）
- 可可脂25g
- 調溫黑巧克力1kg

製作方法

1 烘烤堅果，再將杏子乾切成四份；

2 水、砂糖、葡萄糖混合後加熱到155℃製成糖漿（糖漿完成）；

3 當②滾沸時，放進蜂蜜繼續加熱到130℃；

4 將蛋白與砂糖放進攪拌機裡打勻後，倒進③裡製成蛋白霜（蛋白霜完成）；

5 將②的糖漿一點一點地放進④裡，前後控制在大約3〜4分鐘的時間內快速地混合攪拌完成，再將可可脂加進去攪勻；

6 將①的堅果放進⑤裡；

7 將⑥以1cm厚度鋪在巧克力專用鋁箔紙上，凝固一天後切成1×5cm大小；

8 為了露出填滿堅果與水果乾的表層，可只在⑦四周塗抹上調溫黑巧克力。

Master's Tip

添加各式各樣水果乾與堅果的牛軋糖，顏色鮮豔可口，是種令人垂涎的甜點。無論與任何類似食譜內的食材混合，製作牛軋糖的基本方法都是相同的。其中蜂蜜有著香醇的味道，而且可抑制糖再結晶化；砂糖可讓牛軋糖凝固且便於塑型；而蛋白具有清爽的口感與甜味。一個成功的牛軋糖必須又輕又不黏牙，也不會吃到砂糖結晶顆粒。而這一切關鍵在於糖漿的溫度控制，以及與蛋白混合時受到溫度、速度、時間等的影響。

威士忌與巧克力的夢幻組合

威士忌酒心糖

Whisky Bonbon

🌀Chocolate Story

　　法語 Bonbon 是指一種外表裹著巧克力的小顆糖果。在比利時，一口大小的巧克力稱為 Praline，而在法語圈裡則稱為 Bonbon 或 Bonbon Chocolat。Bon 為美好、Good 的意思，所以 Bonbon 當然就是指加倍的好囉！可見歐洲人是多麼的喜歡這種一口大小的糖果。而添加威士忌的這種酒心糖，更是一種傳達「愉悅」的好禮。

🌀Chocolate Recipe

食材

（可製成20個10g果仁糖）

- 砂糖150g
- 水50g
- 情人威士忌（Valentine whisky）30g
- 製作外殼用的調溫牛奶巧克力1kg

製作方法

1 將砂糖與水放進鍋裡，不用攪拌熬煮到116℃為止；

2 將稍微加溫的威士忌一點一點地倒進①裡；

3 將②倒進①鍋裡的動作須重複2～3次，直到倒完威士忌；

4 等③冷卻後，倒進巧克力外殼裡大約2/3滿，並凝固一天；

5 當④的表層產生結晶時，將調溫牛奶巧克力裝進擠花袋裡，擠出來覆蓋在上層。

Master's Tip

有時候喝威士忌，會佐以巧克力一起品嘗；這個時候將會發現威士忌與巧克力融合後，無論味道或香氣都更加完美。巧克力的柔和香氣與威士忌深沉的味道相疊後，帶來了雙倍的感動，那是因為巧克力裡含有分解酒精的成分，巧克力的香甜幫助濃烈的威士忌輕鬆地入口，所以搭配一起食用時，它倆就成為夢幻組合。現在將這種夢幻組合製成一口大小的威士忌酒心糖，你可以想像當威士忌酒心糖放進嘴裡的那瞬間，香甜的威士忌微微燒灼地順口入喉，那種感覺不可言喻。

香、酥、脆的巧克力

五穀巧克力脆棒
Puffing Ball Bar

🌀Chocolate Story

一般早餐吃的五穀脆片，含糖量都特別高，若再與巧克力一起搭配食用，味道會過於甜膩，讓人不舒服。當筆者將五穀片直接炸來吃時，竟發現五穀脆片沒那麼甜了，高興之餘，便與巧克力混和製作出五穀巧克力脆棒，結果穀物的清香加上酥脆的口感，就成為酥脆的巧克力棒。

🌀Chocolate Recipe

食材

（可製成20個15g果仁糖）

- 砂糖100g
- 鮮奶油60g
- 牛油20g
- 葡萄糖60g
- 可可粉8g
- 五穀脆片20g
- 調溫牛奶巧克力1kg

製作方法

1 將砂糖與鮮奶油放進鍋裡加熱；
2 將牛油、葡萄糖、可可粉與①混合並加熱到120℃；
3 將②倒在巧克力專用鋁箔紙上，再撒上五穀脆片；
4 等③冷卻後再不停翻動攪勻；
5 將④擀成1cm厚度後，切成2×5cm大小；
6 將⑤浸入調溫牛奶巧克力裡，撈起凝固。

Master's Tip

牛油 (Butter) 是從牛奶裡提取的動物性脂肪，含有豐富的必需脂肪酸（Essential Fatty Acids，EFA）。牛油因為其特有的風味與滑嫩，在製作西方料理與甜點時，是不可或缺的食材。而代替牛油來使用的乳瑪琳（Margarine，又稱瑪琪琳），牛奶脂肪含量為30%，與植物性油脂混合凝固而成，是種含有反式脂肪的人造奶油，一般又稱為調和奶油。如果以巧克力的味道與健康考量時，最好使用由牛奶製成的牛油。在製作巧克力的過程中，牛油都要呈現奶油狀，不能融化成像水一樣過稀。

令人驚豔的焦糖香味

焦糖黑巧克力
Caramel Dark Cream

🍫 Chocolate Story

　　只不過在甘那許裡添加了焦糖而已，結果一吃就深深迷上了焦糖黑巧克力。這是筆者在法國糕餅始祖雷諾特（Le Notre）廚藝學校的巧克力課程中學到的一種巧克力，這份食譜讓我深刻體會到甘那許奶油的無窮變化。本食譜為了加重筆者喜歡的焦糖味道，因此砂糖含量比較高，就像這樣，食譜都會依照各人的喜好，多多少少有些變化，不過必須是以整體的味道與平均比例為考量而做調整。

🍫 Chocolate Recipe

食材

（可製成50個10g果仁糖）

- 砂糖60g
- 鮮奶油170g
- 牛油50g
- 黑巧克力140g
- 調溫黑巧克力1kg

製作方法

1 將砂糖與牛油放進鍋裡，熬煮到砂糖變成褐色的液體為止（焦糖化）；

2 將鮮奶油加熱後放進①裡；

3 剁碎黑巧克力後放進②裡，不停攪拌直到有光澤；

4 將冷卻的③倒進巧克力外殼裡至八分滿後等待凝固；

5 等④凝固後，用調溫巧克力披覆成型，凝固後脫模。

Master's Tip

當砂糖加熱融化成液體後，味道變得更獨特而且顏色會轉變為褐色，此現象稱為焦糖化（caramelization）。這是因為雙醣（disaccharide）的砂糖分解成兩個單醣（monosaccharide）——果糖與葡萄糖的現象。將砂糖變成焦糖後，與製作的食材混合，所產生的化學反應以及因不同的使用方式等而變得多樣化，所以焦糖特有的香氣也時常使用於烹調料理。砂糖因為對熱有反應，所以形狀也多變，味道更是令人驚艷，讓我不禁對砂糖的結構充滿好奇。

另一種相融的新口味

焦糖雞尾酒巧克力
Caramel Cocktail

⊚ Chocolate Story

　　焦糖雞尾酒巧克力的食譜，也是將法國雷諾特廚藝學校中學過的食譜加以改良而成的，這一大發現總算沒有白白浪費那昂貴的學費啊！焦糖與其他食材搭配使用時，為了要預防焦糖溫度驟降，所搭配的食材溫度必須達到某個程度，並且為了預防溫度一下子降低，食材必須有技巧地添加進去。本食譜裡所使用的雙果泥，是由百香果泥與香蕉泥混合而成的，也可以更改為鳳梨等。巧克力師傅的生活裡不僅需要品嚐，還要牢記與重現新口味，並且為了創造更美好的新口味，總是要以美味之旅來充實自己。

⊚ Chocolate Recipe

食材

（可製成24個9g果仁糖）

- 砂糖60g
- 葡萄糖28g
- 鮮奶油80g
- 雙果泥（百香果泥與香蕉泥）40g
- 牛油18g
- 調溫牛奶巧克力1kg

製作方法

1 當砂糖與葡萄糖加熱變成褐色液體時，將稍微加熱的鮮奶油一點一點地加進去；

2 將雙果泥加熱後，一點一點地放進①裡，且熬煮到160℃為止；

3 將②離火後與軟化的牛油混合，改放進另一個不鏽鋼碗裡，然後用保鮮膜包起來冷卻；

4 將③放進裝有直徑為0.5cm花嘴的擠花袋裡，擠進巧克力外殼裡至八分滿後凝固；

5 用調溫牛奶巧克力填滿巧克力外殼，披覆成型後凝固脫模。

Master's Tip

在製作焦糖雞尾酒巧克力時，若想以大理石紋或條紋做為巧克力外殼的表層花樣時，一般都會在製作巧克力外殼前，先在模具裡畫出條紋來。如果以黑巧克力做為外殼時，最好用手或毛刷沾上調溫過的白巧克力或牛奶巧克力，很自然地畫出條紋，再把黑色巧克力灌進去；或者將巧克力裝進用烘焙紙做成的擠花袋裡擠出條紋來。在外型大同小異的巧克力中，利用不同的模具設計以及巧克力外殼上的顏色，就可隨心所欲地創造出與眾不同的花紋，讓巧克力更獨具風格。

啜飲巧克力的
濃醇香

一般人所知的巧克力大部分都是固體狀的巧克力，其實最早以前巧克力是用喝的，並且一直深受大眾喜愛，例如馬雅時期是祭司、眾神的神聖飲料，傳進歐洲後則變成貴族們社交時所飲用的奢侈飲料，此後世界各地陸續發展出深具當地特色的巧克力飲料。接下來即將呈現巧克力原汁原味，又富變化的可可飲料，我相信你也會為此著迷。

白與黑的絕妙組合

維也納熱可可

Viennese Style Hot Chocolate

⊚ Chocolate Story

　　如果你去咖啡之都——奥地利首都维也纳，将会发现到一种名为
Einspanner 的维也纳咖啡，这是一种将打泡过的鲜奶油，如山一样地挤
满在浓郁的咖啡上。所谓的 Einspanner 是指「马车」的意思，因为过去
马伕们会坐在马车上，一边喝着这种咖啡一边等待客人光顾而取其名，
不过我们一般都称它为维也纳咖啡。维也纳咖啡不直接混合鲜奶油与咖
啡，而是透过鲜奶油品尝浓郁的咖啡，可同时感受到苦甜滑嫩的口味。
维也纳热可可也有着这样的口感，以浓黑巧克力取代咖啡，在浓郁的可
可香气上覆盖着软绵绵的鲜奶油，一杯又浓又温暖的热可可就此诞生。

⊚ Chocolate Recipe

食材

（可製成一杯180ml）

- 黑巧克力35g
- 水20g
- 牛奶110g
- 香草荚1/5
- 鲜奶油60g
- 兰姆酒或干邑少许

製作方法

1 剁碎黑巧克力；

2 混合牛奶和水後，刮挖一些香草荚进去一起加热，再
将①放进去用中火熬煮，不时用搅拌器搅匀直到70～
80℃为止；

3 当②裡的巧克力完全融化，产生泡沫时熄火，倒进烫
热过的杯子裡，与兰姆酒或干邑混合；

4 将鲜奶油打泡後轻轻倒进杯子裡。

Master's Tip

当使用可可含量为50%的巧克力时，若依照上面的食谱製作可能会比较甜，所以
鲜奶油裡最好不要添加任何东西直接打泡，甜味才会比较适中。啜饮着覆盖在鲜奶
油下的热可可与香醇的干邑，味道浓郁又柔和的热可可瞬间纾解了压力，尤其在放
松心情的周末饮用更是完美。热可可还可以依照个人的喜好，添加巧克力削片、可
可粉和杏仁粉等。

夏日冰涼聖品·

冰可可

Iced Chocolate

⊙ Chocolate Story

從可可豆裡萃取且分離出可可脂後，將剩下的磨成粉狀的可可粉，脂肪成分含量比塊狀的巧克力低，所以非常適合做成夏天的冷飲。只是百分之百的可可粉裡一點糖分也沒有，必須添加糖漿和蜂蜜等，才能調出適當的甜味，成為好喝的飲料。已有學術報告顯示，一天飲一杯可可粉製成的飲料，不僅止咳，還能預防感冒，當然熱飲功效更佳。

⊙ Chocolate Recipe

食材

（可製成一杯250ml）

- 100%可可粉20g
- 砂糖17g
- 牛奶160g
- 冰塊5～6塊

製作方法

1 將一半的牛奶倒進杯裡後，用微波爐加熱；
2 將砂糖、可可粉放進①裡後用攪拌器攪勻；
3 等②完全攪勻後，將剩下的牛奶倒進去再次攪勻；
4 將冰塊放進玻璃杯裡，再把③倒進去。

Master's Tip

百分之百的可可粉不易溶入水中，所以最好利用攪拌器等攪勻，或先將牛奶熱溫，再把可可粉與糖漿加進去後不停攪拌。若需要大量製作時，最好在前一天就先做好放進冰箱裡發酵，飲用時搖一搖再喝，這樣味道就更足、也更香。

只要掌控好可可粉的品質、糖漿的比例和製作的方法，不管在何處都可以製作出一杯香醇濃郁的可可飲料。所謂的真可可，只要與超市販賣的牛奶巧克力相比較後，很容易就分辨出味道的真假了。本產品是 CACAO BOOM 最受歡迎的夏日飲品。

充滿活力的火辣魅力

墨西哥熱可可

Mexican Style Hot Chocolate

Chocolate Story

墨西哥人至今仍以古老的方法製作熱可可飲用——將已發酵與曬乾的可可豆，放進鐵鍋裡炒過，再依照自己的喜好，將辣椒、香料、肉桂、肉豆蔻、玉米等食材全部放進臼中搗碎，然後加水煮來喝。比起現在由巧克力精緻製成的熱可可，墨西哥熱可可比較油膩、粗糙，不過因為食材裡的營養全都沒有被破壞，保存得很完整，所以自古以來一直是國王們補充元氣的飲料以及權利的象徵。

Chocolate Recipe

食材

（可製成一杯150ml）
- 牛奶100g
- 黑巧克力25g
- 辣椒粉少許
- 肉桂粉少許
- 肉豆蔻粉少許
- 蜂蜜10g

製作方法

1 將辣椒粉、肉桂粉、肉豆蔻粉放進牛奶裡加熱，然後再將剁碎的黑巧克力放進來融化；

2 當①裡的巧克力完全融化，並產生泡沫後，放進蜂蜜攪勻；

3 當②加熱到70～80℃熄火裝杯。

Master's Tip

墨西哥熱可可在CACAO BOOM店裡被介紹為「火辣的熱可可」。在寒冷的冬天裡，覺得身體有寒氣似乎要感冒的時候，喝上這一杯辣味的熱可可，將會感到全身通暢、元氣十足。有一次，問過偶爾來店點喝這熱可可的一位年輕人，「這辣味熱可可味道怎麼樣？」年輕人明快地回答說：「這可可隱隱約約的味道很誘人。」以前每次製作這飲料時，總認為不會有人喜歡，此後我要專為這些深知這熱可可魅力的人而製作。墨西哥熱可可第一口雖然很香甜，但喝到最後，入喉的火辣味像是在提醒你它很辣。

疲憊又飢腸轆轆時的夏日補給品

香草冰可可

Vanilla Iced Chocolate

Chocolate Story

就算大量添加了即溶可可醬讓可可味道、香氣更濃郁，可是這些終究都是假可可，因為其中的可可含量根本不及10%，而且還以人造榛果、香草香氣及甜料欺瞞了我們的眼睛與味蕾。在無法比較的情況下，還會覺得這些假巧克力的味道有模有樣，可是等品嚐到以真正的巧克力製成的可可後，將會深深感受到真假味道的迥然不同。過去在專賣咖啡的咖啡店中，總是以一兩種可可飲料做為點綴，不過最近出現巧克力專賣店後，可可種類就變多了，於是咖啡店裡的可可品質也逐漸有所改善。

Chocolate Recipe

食材

（可製成一杯250ml）

- 100%的可可粉20g
- 砂糖17g
- 牛奶120g
- 冰塊30g
- 香草冰淇淋1/2球
- 巧克力冰淇淋1球

製作方法

1 將可可粉、砂糖、牛奶放進攪拌機裡攪勻；
2 再將冰塊、香草冰淇淋放進①裡再次攪拌；
3 接著將②放進杯子裡，再加上1球巧克力冰淇淋作為裝飾。

Master's Tip

咖啡店裡的巧克力雪克，是將冰塊與冰淇淋混合而成的巧克力冰飲，其中主食材與冰可可差不多，只是牛奶少放了一點，相對的巧克力雪克加進香草冰淇淋與冰塊，讓飲料更冰、味道更柔和。一杯香草冰可可非常的有飽足感，更何況添加了滿滿的冰淇淋，所以非常適合在飢腸轆轆的炎炎夏日飲用。

像媽媽溫暖的懷抱

白色香橙熱可可
White Orange Hot Chocolate

🌀 Chocolate Story

　　白色巧克力不含可可膏，而是在可可脂裡添加牛奶與砂糖後製成，所以呈現出可可脂的乳白色而非巧克力的褐色。雖然部分巧克力愛好者不認同白巧克力屬於巧克力，可是白巧克力確實含有巧克力另一個主要成分──可可脂，而且比其他巧克力含量高出許多，價格還比一般巧克力昂貴。除此之外，比起黑巧克力，白巧克力含糖量也比較高，所以比較甜、比較膩；添加入牛奶後，牛奶顏色雖然讓白巧克力看起來有一些暗沉，不過散發著奶味的香氣，味道也更香甜、口感更滑潤。

🌀 Chocolate Recipe

食材

（可製成一杯130ml）
- 牛奶80g
- 白巧克力25g
- 柑曼怡香橙干邑甜酒或香橙利口酒2ml
- 裝飾用檸檬皮少許

製作方法

1 將牛奶稍微加熱一下；

2 剁碎白巧克力，放進①裡融化；

3 等②裡的巧克力完全融化後，持續加熱牛奶到70℃，並在還沒有滾沸前趕緊熄火，倒進燙過的杯子裡；

4 滴一兩滴柑曼怡或香橙利口酒（橙酒、橙皮酒等）在③裡；

5 加點檸檬皮在④上作為裝飾。

Master's Tip

白巧克力雖然香甜又滑潤，可是有些人卻覺得過膩，所以遇到這種情況時，可以滴上一兩滴散發著淡淡橙香的頂級柑曼怡香橙干邑甜酒（Grand Marnier），這樣不但解除過膩的感覺，更多了一份不同的風味。可可脂除了防止老化外，皮膚保濕功效也特佳，所以在皮膚容易粗燥乾裂的換季時期，來一杯含有豐富可可脂的白巧克力，是個很不錯的選擇。在CACAO BOOM店裡白色香橙熱可可取名為「如雪」，本以為味道香甜應該僅受女性客戶喜愛，沒有想到不少男士也很喜歡喝此飲料。

溫柔懷抱著酒精的鮮奶油

黑與白
Black & White

⊙ Chocolate Story

　巧克力利口酒是由濃縮巧克力、香草、伏特加、糖漿等混在一起製成的混合酒。其中濃縮巧克力的含量必須高達 40% 以上，巧克力利口酒前面才能冠上「crème」，稱為 crème de cacao（可可香甜酒），不過別誤會，雖然冠上奶油「crème」並不意謂此酒裡有添加奶油。巧克力利口酒一般是在餐後與純紅茶（Straight Tea）一起飲用，或作為甜點、醬料、蛋糕、松露的食材來使用，或與紅酒、白蘭地等混合製成雞尾酒來飲用。像這種混合酒須根據材料來決定酒的品質，所以最好注意商品標籤上是否含有人工合成的香草精或巧克力調味劑等化學添加物。

⊙ Chocolate Recipe

食材	製作方法
（可製成一杯180ml）	**1** 將可可香甜酒倒進雞尾酒杯裡；
● 可可香甜酒60ml	**2** 將白蘭地倒進①裡；
● 白蘭地60ml	**3** 鮮奶油打泡後放在②上面；
● 鮮奶油60ml	**4** 將白色巧克力削片裝飾在③上。
● 裝飾用白巧克力削片少許	

Master's Tip

本雞尾酒沒有添加冰塊，所以在製作前最好先將材料保存於冰箱裡維持冰涼。在最上層添加鮮奶油後，可隨著個人的喜好以白巧克力削片等裝飾即可。可可香甜酒與白蘭地的香甜及酒精的熱度，被鮮奶油柔柔包覆著，讓人感到特別的溫柔。不會喝酒的人可以去掉白蘭地，只喝可可香甜酒所特有的香醇，也是一大享受。

義大利傳統飲料

比切林

Bicerin

Chocolate Story

比切林是義大利皮埃蒙特區的傳統飲料，而皮埃蒙特區的榛果巧克力最為著名。除此之外還有種將榛果巧克力或一般巧克力融化後，加上義式濃縮咖啡與奶泡後熱熱喝。這種喝法自 17 世紀開始流傳下來。由於每家咖啡店裡的巧克力種類與含量比例各有不同，所以比切林的甜度多多少少有些差異。比切林是「小杯」的意思，2001 年被指定為皮埃蒙特區的代表性飲料。至今在皮埃蒙特區的杜林，仍有很多人擠在那些以傳統比切林而聞名的小小咖啡店裡，與過去一樣喝著比切林。

Chocolate Recipe

食材

（可製成一杯90ml）
- 義式濃縮咖啡1份
- 融化的榛果巧克力或巧克力25g
- 牛奶泡沫15g
- 巧克力削片少許

製作方法

1 將融化後的巧克力倒進杯子裡；

2 將牛奶打泡後倒在①上面；

3 接著將一份義式濃縮咖啡小心翼翼地倒進②裡，濃縮咖啡會穿透牛奶泡沫，沈澱在巧克力上面；

4 最後加上巧克力削片做裝飾。

Master's Tip

把義式濃縮咖啡倒進杯子裡時，一定要「輕輕地、慢慢地」倒，這樣才不會沉入巧克力裡。牛奶泡沫上面作為裝飾的巧克力削片，不僅與第一口咖啡的苦味非常搭配，而且又可以遮掩義式濃縮咖啡倒進泡沫裡的痕跡。

在 90ml 左右的小杯裡，含有一份（Shot）義式濃縮咖啡，以及分量差不多的巧克力與奶泡，所以比起摩卡咖啡反而更能品嚐到濃郁的咖啡與巧克力。如果覺得義式濃縮咖啡比較有負擔，可以攪勻後再來喝，不過想要品嚐原汁原味的比切林，建議最好不要攪拌，分層來飲用咖啡、奶泡，喝到最後還可用湯匙舀著巧克力喝。

味道相乘的完美組合

CACAO BOOM 式的摩卡咖啡

CACAO BOOM Style Cafe Mocha

Chocolate Story

「摩卡咖啡」在義大利語中為「咖啡與可可」的意思，這是一種有奶泡的卡布奇諾（Cappuccino）與可可混合而成的咖啡，咖啡濃度較淡，與比切林很相似。咖啡豆種類中有一種名為摩卡（Mocha），生產於衣索比亞（Ethiopia）與葉門（Yemen），其味道宛如深情款款般的愛戀滋味，為阿拉比卡（Arabica）咖啡原豆，不過本頁裡的摩卡咖啡與此類咖啡並無關係，僅借其名而已。在咖啡店裡販賣的摩卡咖啡，基本上都在咖啡裡添加了即溶巧克力糖漿，然後再將鮮奶油泡沫倒上去。如果有機會喝到由純巧克力融化而製成的摩卡咖啡，一下子就可分辨出這兩者味道的差異。

Chocolate Recipe

食材

（可製成一杯150ml）
- 義式濃縮咖啡1份
- 砂糖一茶匙
- 黑巧克力13g
- 牛奶50ml
- 牛奶巧克力削片少許
- 牛奶泡沫少許

製作方法

1 將1茶匙的砂糖放進杯裡，接著倒進義式濃縮咖啡1份；

2 加熱牛奶，再將剁碎的巧克力加進去融化，等煮開後離火；

3 將②倒進①裡；

4 倒上牛奶泡沫，再撒上牛奶巧克力削片做裝飾。

Master's Tip

CACAO BOOM店裡的巧克力飲品都是使用黑巧克力，喜歡喝甜的人可以再加糖飲用。摩卡咖啡裡的咖啡最好使用咖啡香氣較濃的義式濃縮咖啡，並且應該使用純巧克力，而不是添加只有甜味的巧克力糖漿，因為這樣容易使咖啡味變淡，還有牛奶泡沫一定要放上面也才不會讓味道變淡。在製作摩卡咖啡時須注意的就是，混合咖啡與可可後，不應讓味道模糊了，而是更能各自鮮明又滋味相乘。

足抵一餐的飽足感

香蕉冰可可

Banana Iced Chocolate

⚙ Chocolate Story

　　基本上，一種巧克力飲料食譜，可做出各式不同的飲品，因為食譜裡雖註明使用的巧克力、巧克力粉等，但因品質、含量、添加物等各有所不同，所以就算是以一樣的食譜製成，味道也不盡相同。換句話說，具有辨認食材品質的能力，比起食譜裡寫的食材分配比例更為重要，而食譜裡的食材分配比例，根據個人喜好搭配，味道又會有些差異，所以一個好的食譜是經過無數次的製作與實驗而完成的。

⚙ Chocolate Recipe

食材

（可製成一杯200ml）

- 100%可可粉15g
- 砂糖12g
- 牛奶120g
- 香蕉1/2個

製作方法

1　用手持攪拌器將可可粉、砂糖、牛奶攪勻；

2　將香蕉放進①一起攪碎後，倒進裝有冰塊的杯子裡，最後放上香蕉切片（可用水果切片器切出）做裝飾。

Master's Tip

製作冰可可時最好使用熟透的香蕉，這樣才不會有苦澀的味道。剝掉香蕉皮後，切成方便入口的大小，放入冷凍室裡保存備用。香蕉與可可混合後，整體味道變得更爽口、更一致，所以香蕉是個與巧克力非常搭配的水果，令人意想不到；與冰可可搭配飲用時，其分量足以抵過一餐，很有飽足感。

健康三合一咖啡

白色香草摩卡咖啡
Vanilla White Cafe Mocha

◉ Chocolate Story

　　在白巧克力飲料裡添加一份義式濃縮咖啡時,義式濃縮咖啡沿著透明的杯緣滑下去,白色與黑色混合成漂亮的大理石紋,無論味道與外觀,最適合推薦給三合一咖啡的愛好者。白巧克力因為含糖量充足,無須另外添加砂糖,還有在飲用之前才倒進義式濃縮咖啡,滿足飲用前的大理石紋觀賞秀。這類較甜的飲品或許會被講求健康或減重者排斥,可是想要消除疲勞或在寒冷的冬天裡,喝上一杯由白巧克力製成的熱可可,無關對錯,人有時候還真需要來點甜食。

◉ Chocolate Recipe

食材
（可製成一杯130ml）
● 牛奶80ml
● 白巧克力25g
● 香草莢1/5
● 義式濃縮咖啡1份

製作方法

1 剁碎白色巧克力和香草莢;

2 牛奶加熱後,將①加入一起攪拌,直到完全融化;

3 將②倒進杯子裡後,再倒進1份義式濃縮咖啡。

Master's Tip

很多情況下,一個好食材在食譜中的比例分配,簡單到令人不可置信,換句話說,食材比例搭配越簡單,食材的挑選就越重要。本頁食譜裡使用的白巧克力,是可可脂含量超過35%以上的頂級調溫巧克力,並使用天然香草莢與新鮮烘焙咖啡豆製成的義式濃縮咖啡。如果使用植物性油脂的白巧克力、人工香草與三合一咖啡時,就算製作方法相同,兩者味道將天差地別。所以筆者再次強調,比起食譜內容,懂得挑選好食材更為重要。

特別的日子裡送上
特別的巧克力

香甜的巧克力常見於歐洲人的日常生活中，不過即使與巧克力已如此親近，在特別的日子或節慶裡，他們仍以巧克力慶祝、紀念。每天都像是在度過香甜節慶一樣的歐洲巧克力文化，如今也傳入國內，而且有越來越多人，在特別的日子裡，會以巧克力表達這份特別的心。

浪漫的白蘭地

情人節

Romantic Brandy

🌀 Chocolate Story

西洋情人節起源自西元前三世紀左右，是歐洲基督教為了紀念聖人瓦倫丁（Valentine）的節日。這天相愛的戀人們與家人，會相互贈送巧克力、花、卡片等小禮物，或準備食物來表達愛意。而台灣與韓國受到日本的影響，這天女生會贈送巧克力給心儀的男生來告白愛意，也因為如此，西洋情人節該月份成為巧克力業的最旺季，所以想在當天以巧克力師傅手工特製的限量巧克力做為禮物時，最好早早提前預約。

🌀 Chocolate Recipe

食材

（可製成25個14g果仁糖）
- 榛果膏20g
- 白蘭地30g
- 牛奶巧克力200g
- 調溫黑巧克力1kg
- 裝飾用金粉少許

製作方法

1. 混合牛奶巧克力與白蘭地；
2. 將榛果膏加進①裡混合後揉成麵糰狀；
3. 將②放在烘焙紙中間，擀成1cm的厚度；
4. 在③上層塗抹薄薄的調溫黑巧克力，再用直徑3cm形狀的模具壓過後凝固一天；
5. 將④浸入調溫黑巧克力裡撈起，並撒上金粉後，用塑膠紙蓋住或畫上心形的圖案做裝飾。

Master's Tip

在液狀巧克力裡添加白蘭地攪拌後，巧克力神奇地變成像是由巧克力粉和成的麵糰；如果再加進榛果膏，巧克力將會散發出濃郁的白蘭地和榛果香氣。這類巧克力非常適合做為情人節的禮物，或與心愛的人一起分享食用，讓贈送巧克力的人充滿著對未來約會的幻想喜悅。打開巧克力的盒子，拿出一塊巧克力放進嘴裡一咬，白蘭地濃郁的香氣四溢，將內心的感動傳遍身體每一個角落。

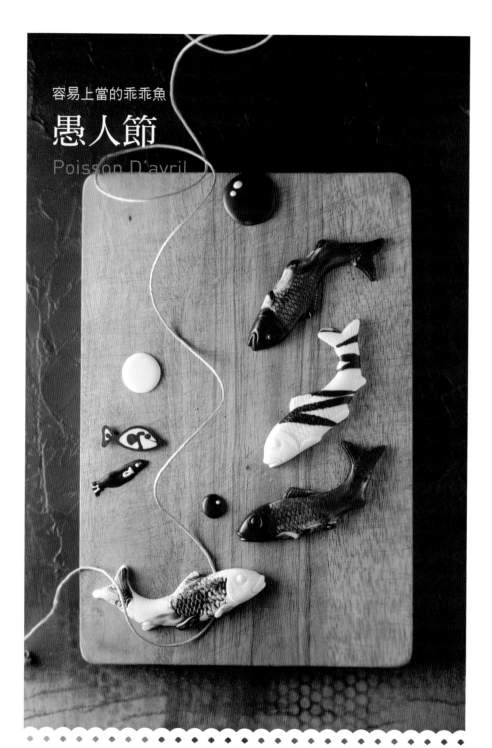

容易上當的乖乖魚

愚人節
Poisson D'avril

Chocolate Story

　　愚人節源自法國，以充滿幽默的謊言帶給大家歡樂與驚嚇的節日。這一天可以製造一些沒有惡意、也不會給人製造麻煩，更不會成為罪行的無傷大雅謊言，逗全世界的人開心一天。法國人以小魚在四月很容易上鉤來做比喻，拐彎抹角地嘲笑那些容易上當的人為四月的魚（Poisson D'avril），甚至還會偷偷地將紙魚貼在對方的背部來開玩笑，所以愚人節那天可以在法國的巧克力商店裡，發現許多魚形的巧克力。

Chocolate Recipe

食材

- 調溫巧克力適量
- 裝飾用牛奶巧克力或白巧克力適量

製作方法

1. 將調溫巧克力倒進魚形的巧克力模型裡，刮平上層並除去氣泡，然後原封不動地等它凝固（如果沒有模型時，可把調溫巧克力裝進擠花袋裡，在烘焙紙上擠畫出魚形狀後等待凝固）；

2. 當①還沒有完全凝固時，可用堅果類等做裝飾，等完全凝固後脫模即可。

Master's Tip

CACAO BOOM 每年在愚人節的時候，就會製作並陳列很多魚形巧克力。只是國人對此節日的典故陌生，所以這些巧克力魚得不到大部分客人的青睞，倒是偶而光顧的法國人開心不已。而筆者希望透過自己從事巧克力這項行業，讓國人認識法國人在愚人節裡，有著贈送巧克力魚做為甜蜜玩笑的習俗，所以當天都會製作巧克力魚來販售。每年此時，法國的巧克力師傅都會花心思，以魚作為主題製作巧克力並用來裝飾櫥窗。

圓圓甜甜的巧克力蛋

復活節

Happy Easter

Chocolate Story

　　基督教最重要的節慶——復活節，是歐洲巧克力需求量最大的時期。不僅因為復活節學校會放一個星期的假，與家人親戚共聚一堂時，也會分享著特別的食物與巧克力。此時期巧克力專賣店會製作一些與復活節有關的巧克力，如巧克力復活蛋、兔子、鐘等，大家也會上街購買復活節巧克力。雖然將煮熟的蛋彩繪後作為禮物送人很有趣，但如果在復活節裡準備一些以巧克力製成的復活蛋，不僅可感受節慶的氣氛，更可以讓這節慶更香甜。

Chocolate Recipe

食材
- 調溫巧克力適量

製作方法

1 將調溫巧克力倒進蛋形模型裡，再用手指、擠花袋、毛刷等先做出花紋；

2 用巧克力製作巧克力外殼後凝固；

3 等②凝固脫模後，將①包在裡面，再用調溫巧克力把巧克力外殼黏合起來。

Master's Tip

在將巧克力蛋殼對黏起來之前，可以把小卡片或小禮物放進裡面，為禮物增添一份驚喜。巧克力專家所使用的半永久性模型（Semi Permanent）價格比較昂貴，所以一般人只要購買價格較平易的彈性模型（Stamp Mold）就可以了。像這樣在空心模型裡灌入巧克力的產品稱為 Hollow Chocolate。在歐洲一年三百六十五天裡，巧克力專賣店以不同的主題裝飾著巧克力，這樣不僅可享受到巧克力的美味，還增添了很多樂趣。

恐龍棒棒糖猜一猜

兒童節

Dinosaur Lolli

🌀 Chocolate Sory

　　1925 年在瑞士日內瓦召開的關於兒童福利的國際會議上，國際兒童幸福促進會首次提出了「兒童節」的概念，號召各國設立自己的兒童紀念日。1931 年，中華民國將 4 月 4 日定為兒童節，舉行慶祝活動，國小以下學童放假一天。兒童如同一面清澈透明的鏡子，總是能反映出大人的身影，所以大人在兒童面前更應該懂得反省自己。不過大人與小孩一同製作與分享巧克力的過程中，這份嚴肅的教育課題變得柔和許多，因此分享巧克力的那瞬間，不分你我將會嚐到返老還童的滋味。

🌀 Chocolate Recipe

食材	製作方法
●調溫巧克力適量 ●棒棒糖棍適量	**1** 將調溫巧克力灌入恐龍模型裡凝固後脫模； **2** 將調溫巧克力裝進洞口直徑為1cm的拋棄式塑膠擠花袋裡，然後在烘焙紙上擠出圓形； **3** 在②還沒有凝固前，放上棒棒糖棍並輕輕的壓一下； **4** 等③凝固後翻過來，在光滑的平面上把①的恐龍調溫黑巧克力黏上去； **5** 在④的背面寫上恐龍名。

> ### Master's Tip
>
> 利用巧克力棒棒糖，與孩童一起邊吃著巧克力一邊猜恐龍名，讓巧克力吃起來更有趣。遊戲方法為拿起巧克力棒棒糖，將恐龍圖案對著孩童，讓孩童猜恐龍名。如果不知道恐龍名時，可以讓孩童記住恐龍的模樣，隨後從書中或網站上尋找認識即可。像這樣邊吃巧克力邊玩遊戲，一定更能促進彼此的感情吧！

満満一籃豐盛的五穀

中秋節

Lavish Grain Basket

⊚ Chocolate Story

　　五穀豐登的中秋節，是個感謝大自然賜給人類豐收的農作物以及感念祖先的節日，大家藉由中秋節全家團聚，在談笑中分享著豐盛的果實與食物。近來越來越多人在回鄉探親時，會帶上巧克力做為中秋禮盒，像是子女們買巧克力送給為了中秋節忙進忙出的母親，是帶著甜蜜孝心的中秋最佳禮物。還有在每次返鄉人潮車潮湧現的中秋佳節裡，巧克力更成為壅塞在高速公路上時紓解壓力的最佳甜蜜零食。

⊚ Chocolate Recipe

食材	製作方法
● 杏仁、五穀米香、藍莓乾、草莓乾等各1/2杯（125ml） ● 調溫巧克力200g共2份	**1** 混合1/2杯堅果類與200g調溫巧克力後，薄薄地鋪在烘焙紙上凝固； **2** 等①凝固後，用手掰或用刀切成不規則形； **3** 將第二份200g調溫巧克力灌滿於籃子模型裡，然後再倒出來，重複兩遍動作，等到巧克力籃子凝固再脫模； **4** 將②裝入③的巧克力籃子裡後包裝。

Master's Tip

炸過的五穀米香不僅在市面上很容易購買，而且最大的特色就是很適合與巧克力混合；尤其是混合凝固後，依然保有酥脆的口感，很令人愉悅，非常適合大眾口味，也很受歡迎。只是有些米香含糖量非常高，若直接使用這種五穀米香，反而甜味過重，無法與巧克力搭配使用，所以購買時最好先注意成分。在有機食品店裡銷售的五穀片一點都不甜膩，不僅健康而且口感輕脆，非常適合製作中秋佳節的巧克力。

不給糖，就搗蛋

萬聖節
Trick or Treat

Chocolate Story

萬聖節（Halloween）是歐美各國在每年的 10 月 31 日夜晚歡度的節日。每當到了這天，人人會以與萬聖節有關的死亡、女巫、驚悚故事等內容來打扮或裝飾，然後挨家挨戶地敲門大喊 Trick or Treat（不給糖，就搗蛋）來討零食或零用錢。萬聖節源自中世紀末窮人為了在萬靈節（All Soul's Day，11 月 2 日）準備供品替親人的亡靈祈禱，而挨家挨戶討食物的習俗。

Chocolate Recipe

食材
- 調溫巧克力適量

製作方法

1 將調溫巧克力灌進板狀與南瓜形狀模型裡，等凝固後脫模；

2 將南瓜形狀巧克力黏在板狀巧克力上，再將調溫巧克力裝進擠花袋裡寫字。

Master's Tip

雖然我國的萬聖節較少像國外那樣，習慣在家裡準備些零食等待小朋友來敲門，不過不少年輕人已經對萬聖節感到興趣。當與親朋好友分享這些有著可愛南瓜的板狀巧克力時，筆者相信平淡無奇的生活，將會變成與節慶一樣有了歡樂。

改善高三症候群

大學指考
Test-taker Prescription

◎ Chocolate Story

　　大學指考到來之際,越來越多人買巧克力送考生,筆者認為這是因為一般人想藉著巧克力的甜蜜與熱量給考生們加油打氣;事實上巧克力裡本來就含有咖啡因與可可鹼,具有活化腦細胞的功效,所以攝取巧克力後將會快速地消除疲勞與壓力,增強集中力、思考力,以及穩定心情、增加愉悅、恢復元氣等。巧克力的功效如此傑出,已超越作為零食的基本營養,所以很受大家喜愛。那麼現在就贈送一塊優質的巧克力,作為愛的鼓勵與力量吧!

◎ Chocolate Recipe

食材	製作方法
● 調溫黑、白、牛奶巧克力各1kg	1 用調溫黑、白、牛奶巧克力倒入硬幣形狀的模型中塑型凝固;
	2 將調溫巧克力裝進擠花袋裡寫上祝福,或用巧克力製成果仁糖後,包裝起來作為禮物送人。

Master's Tip

買巧克力送人時,你可以附帶一張小卡片在裡面,來傳達巧克力的香甜與分享的心情。小卡片內容如下:「什麼時候該吃巧克力?讀不下書、累了、想睡了、心情不好、沒信心、餐前、餐後、高興的時候、任何時候。不過有個副作用必須謹記,如果一次全部都吃光光,心情會超好到很有可能無法自制,所以最好省著點吃喔!」

巧克力棒棒節

Long Chocolate Tree

Chocolate Story

不知從何時開始，韓國的 11 月 11 日被稱為巧克力棒棒節（Pepero Day），是相互贈送巧克力棒作為禮物的日子。這是一家食品公司以自家生產的產品作為節日，看來應該是為了行銷產品而精心策畫的，當然如果每天都是具有意義的日子，然後相互贈送禮物來表達心意，理應是件開心的事情，可是如果這一切都只是行銷的手段，以人造巧克力為原料，在衛生條件不佳的環境裡製造巧克力餅乾，並以鋪天蓋地的方式充斥於大街小巷裡的商店販賣，筆者真的深感惋惜。現在我們就親手來製作巧克力棒送人吧！

Chocolate Recipe

食材	製作方法
● 調溫巧克力適量	1 將調溫巧克力裝進擠花袋裡後，在冰棒棍上擠出長條形狀；
● 各種堅果適量	2 將堅果切成吃起來方便的大小後烘烤；
● 冰棒棍	3 在①巧克力凝固前，依照自己的喜好撒上②的堅果或水果乾。
● 裝飾用金粉少許	

Master's Tip

將調溫巧克力裝進塑膠擠花袋裡，在冰棒棍上面擠出不規則長條形狀，再撒上堅果與水果乾，就變成巧克力棒棒樹了。每逢巧克力棒棒節來臨時，CACAO BOOM 店裡的巧克力師傅們，就開始尋思製作長條形狀的巧克力。有時師傅們會在小長盒裡裝滿巧克力變成長形果仁糖，或製成義大利式的長麵包棒（Grissini）形狀後立起來。將堅果添加在巧克力本是一個很普通的果仁糖，但到了這天，使用著相同的食材，卻成為小樹一樣豎立著，讓人耳目一新啊！

吃的裝飾品

聖誕節

Delicious Ornament

🌀 Chocolate Story

比起歐洲聖誕節銷售量最高的巧克力，我國聖誕節那天，銷售量最高的甜點卻是蛋糕，無論大街小巷隨處可見提著蛋糕的人。有意思的是，不分宗教派別，大部分的人都會與親朋好友相聚一堂，甜甜蜜蜜地分享蛋糕與情感。我們現在就來策畫一個連餐桌上都裝飾著充滿香甜巧克力的聖誕節派對吧！

🌀 Chocolate Recipe

食材
- 調溫巧克力適量

製作方法
1 將調溫巧克力放進擠花袋中，在球狀模型裡擠出網狀型，等凝固後脫模；
2 將兩個做好的網狀巧克力用調溫巧克力黏合。

Master's Tip

就算不是能把食物與餐桌裝飾漂亮的設計師，只要有好點子，仍可為聚餐或派對製造出創新又充滿趣味的氣氛。讓我們將巧克力球像吊飾一樣綁上蝴蝶結，或擺放在聖誕派對的餐桌上作為裝飾看看吧！除此之外還可以用巧克力將座位上的客人名字寫在餐盤上，或用巧克力製成盛冰淇淋、甜點的碗。當然，如此一來將要花費更多的心思來製作巧克力，不過這樣充滿驚喜與歡樂的節日將會讓人無法忘懷。

用額頭敲著吃的丹麥小圓麵包巧克力

紓解壓力時刻
Sweet Bun

🍫 Chocolate Story

　　走進丹麥的巧克力或點心專賣店，很容易就會看到一堆像小圓麵包的圓形巧克力。這種巧克力出現在 200 年前的丹麥，是以傳統方式製作而成——圓形的蛋白霜內餡外層塗抹巧克力後，再撒以糖粉、可可粉、椰子粉等做裝飾。丹麥人時常在聖誕節、生日時購買此類巧克力，並且還會直接將包裝好的小圓麵包巧克力（Sweet Bun）在額頭上輕敲，敲破表層上塗抹的薄巧克力，讓柔軟的蛋白霜內餡露出，然後充滿樂趣地用手沾著吃。蛋白霜又軟又輕，而外層塗抹的巧克力又非常薄，輕輕鬆鬆就可敲破，根本不需擔心敲腫額頭。那我們也拿個小圓麵包巧克力敲一敲，慢慢品嘗香甜滑嫩的蛋白霜來紓解壓力吧！

🍫 Chocolate Recipe

食材

（可製成25個14g果仁糖）

- 餅乾用的牛油90g
- 杏仁膏100g
- 餅乾用的砂糖30g
- 麵粉150g
- 蛋白霜用的蛋黃5顆
- 蛋白霜用的砂糖220g
- 水80g
- 調溫巧克力1kg

製作方法

製作餅乾

1 將麵粉和成糊；
2 牛油融化後與杏仁膏混合，再把砂糖加進去攪拌成奶油狀；
3 將①倒進②裡攪拌後，擀成0.5cm厚，再用直徑5cm圓形模具按壓；
4 將③放進170℃預熱好的烤箱裡，烤10分鐘（呈金黃色）後冷卻；

製作蛋白霜與小圓麵包巧克力

1 分開蛋白與蛋黃，蛋白打泡；
2 將砂糖與水放入鍋裡熬煮到118℃，製成糖漿；
3 將①的蛋白霜倒進②裡拌勻；
4 等③變成又硬又滑的蛋白霜時，裝進擠花袋裡（蛋白霜完成）；
5 用毛刷在已冷卻的餅乾表層塗抹調溫巧克力；
6 用④在⑤的餅乾上擠成圓形；
7 浸泡於調溫巧克力裡後撈起，用錫箔紙或包裝紙包起來。

Master's Tip

時間久了，餅乾會因為濕潤的蛋白霜而變軟，如果想要小圓麵包巧克力保持酥脆，可先在餅乾上塗抹巧克力後再製作。如果內餡為蛋白霜時，最好三天內吃完，若使用棉花糖為內餡時，食用期限可稍延長。

附錄

當巧克力與我們日常生活的關係越來越親密時，大眾也開始對巧克力師傅這個職業感到興趣。現今在網路裡常見到不少人利用人造巧克力製作巧克力，所以我們不能將製造「巧克力」的人都稱為巧克力師傅。所謂的真正巧克力師傅，不僅要追求巧克力的外形之美，對巧克力的香氣、味道以及吃進嘴裡相疊的口感等須有深入的了解，而且還要經過長時間的訓練以擁有製作巧克力的技術，才能稱得上是巧克力師傅。

食材的採購方法

　　調溫巧克力為手工巧克力最基本的食材。在網路上搜尋時，可以找到專為一般消費者販售 500g 小包裝的店家。一個值得信賴、品質佳的調溫巧克力，成分必須標示得清清楚楚，不能含有植物性油脂（棕櫚仁油、大豆油等），以及可可含量要 50% 以上，最好選擇法國、比利時、瑞士等具有傳統配方歷史的公司所製的調溫巧克力。

　　可可含量可根據自己對甜味與苦味的喜好而做選擇，基本上可可含量為 50% 時，其甜味與苦味為中等，當然含量越高，苦味就會越重，價格也會越貴。

　　香豆莢、無鹽牛油、葡萄糖及其他巧克力食材，都可以在網上購買得到，在一些烘焙材料專賣店，或是專賣甜點食材的商店裡也都有銷售。

　　鮮奶油在大型超市、百貨公司、食品店都可購買得到。鮮奶油分為由牛奶製成的動物性鮮奶油與植物性鮮奶油。若挑選巧克力用的鮮奶油作為食材時，務必要選擇動物性鮮奶油（鮮奶油含量為 98% 以上）。有些市售的鮮奶油為方便消費者使用，會以 500g 小包裝來銷售，而進口的鮮奶油還有比這更小的包裝，一般在購買前最好先計算好使用的量，然後一次購買並使用完畢。

烘焙材料商家參考

● **樂烘焙材料器具專賣店** ☒網路銷售 ☑實體店面
銷售西點原料、各式堅果、各式蛋糕土司烤模、餅
乾切模、巧克力模、裝飾工具等。
　📞(02)27380306
　🏠台北市大安區和平東路三段 68-8 號
　http://lovebakingtw.pixnet.net/blog

● **日光烘焙材料專門店** ☒網路銷售 ☑實體店面
經銷、批發、零售各式食品器具與食品材料。
　📞(02)87802469
　🏠台北市信義區莊敬路 341 巷 19 號
　http://www.baking-house.com.tw

● **珍饌坊 Deli-Shop** ☑網路銷售 ☑實體店面
針對喜愛料理美食的消費者所開設之歐陸食材專門
店舖。
　📞(02)2658-9985
　🏠台北市內湖區環山路二段 133 號
　http://www.Deli-Shop.com.tw

● **馥聚有限公司** ☒網路銷售 ☑實體店面
銷售有機可可巧克力、有機茶咖啡、大桶葡萄橄欖
油、大包果乾原料等。
　📞(02) 26957358
　🏠新北市汐止區康寧街 169 巷 23 號 9 樓
　http://www.betterfoody.tw

● **辰豐實業** ☒網路銷售 ☑實體店面
提供喜愛烘焙 DIY 的顧客各式烘焙食品材料。
　📞(04)425-9869
　🏠台中市中清路 151-25 號
　http://www.chengfong2005.com.tw

● **永誠烘焙原料行** ☑網路銷售 ☑實體店面
引進與分享各種最新烘焙技術、器具、材料,及更
新的烘焙觀念。
　📞(04) 24727578
　🏠台中市精誠路 317 號
　http://www.ycbake.com.tw

● **十代餐飲烘焙原料食品行** ☒網路銷售 ☑實體店面
經銷眾多歐美知名品牌:PRÉSIDENT 總統牌濃純奶
油、天然風味的 LES VERGERS BOIRON 水果果泥
和 CACAO BARRY 各產區巧克力等。
　📞07-3870013
　🏠高雄市三民區懷安街 30 號
　http://www. 十代餐飲烘焙 .tw

● **艾佳 MAMA 烘焙** ☑網路銷售 ☑實體店面
提供小包裝的材料販售;有 4 家分店,分別位於新
北市中和區、桃園市、中壢及竹北 。
　http://www.pcstore.com.tw/tsengsbakery

● **烘焙木作坊** ☑網路銷售 ☒實體店面
提供台灣烘焙愛好者高品質的烘焙材料。
　🏠桃園縣中壢市興農路 45 號 2 樓
　https://www.facebook.com/finebaking

● **烘焙工坊購物網** ☑網路銷售 ☒實體店面
提供所有喜愛烘焙的人一個更好的購買管道。
　📞(04)24252433
　http://bakeryroom.webdiy.com.tw

食材的保存方法

巧克力最喜歡清涼（約 16 ～ 22℃）、乾爽（濕度為 5% 以下）和陰暗（陽光不會直射）的地方。基本食材調溫巧克力本身也是種巧克力，所以最好保存於巧克力喜歡的環境。不過雖然巧克力喜歡清涼，卻不能保存於冰箱與冷凍室裡。當然在 30℃左右的炎炎夏日，就需要放入冰箱裡了，只是切記要密封後再放進去，而從冰箱裡拿出來時，也必須在密封的狀態下先讓巧克力充分適應室內溫度後再與空氣接觸。一旦巧克力滲入濕氣後，製作過程中就會發現效果明顯下降，口感也會變差。

除了調溫巧克力外，其他巧克力食材也必須依照產品標籤上所記載的保存方法保存。一般牛油、鮮奶油、杏仁膏、堅果類等保存於冰箱內；翻糖、榛果膏、葡萄糖以及各種麵粉以常溫保存；而所有的食材都必須先要適應室內溫度後再使用。

必備的基本器具

秤　製作巧克力必備的器具。以 1g 為單位，最好選購可秤出 2kg 以上的秤，使用起來比較方便。

量杯　以 ml 為單位，主要用來量取鮮奶油、牛奶等液體或粉狀食材的杯子。如果量杯上有刻印 CC 單位，使用起來會更方便。

量匙　在製作巧克力時，為了量取少許的酒以及各種粉狀食材時所必備的器具。一般以 15ml 容量（大匙或湯匙）、5ml 容量（小匙或茶匙）等三到四個量匙為一組。

溫度計 巧克力需要依照溫度來製作，所以必須要有溫度計。其實製作糖漿、焦糖、軟糖等時，溫度計也是必備品。如果溫度計可測量到 250℃以上時，製作焦糖時就可以使用了。

攪拌器 攪拌巧克力或融化牛油時所必備的器具。

勺子 在熬煮奶油、或盛放材料、或攪拌巧克力時所使用的器具。傳統的木勺不會刮傷碗底，所以最常拿來使用，不過近來也有不少人使用抗熱性較高的矽膠勺子。

擠花袋 裝進巧克力用來擠出形狀，或為了將巧克力擠入模型裡時所使用的器具。尼龍材質的擠花袋比較牢固，也比較耐用。一般使用完擠花袋後可用洗碗精洗淨，等完全晾乾後再保存起來。拋棄式塑膠擠花袋因不須清洗，使用起來比較便利，而布製的擠花袋清洗過後，需要殺菌消毒後再保存。

花嘴 裝在擠花袋的末端用來擠巧克力時使用。一般都會使用牢固又比較衛生的不鏽鋼材質，並可根據巧克力內餡濃稠度，以及擠出來的形狀與大小來選擇花嘴的類型。

烘焙紙 經過特別處裡，具有韌性且防水性強又半透明的薄紙。製作餅乾與巧克力，或包裝巧克力，或把巧克力鋪平，或擠出形狀時都會使用。如果臨時找不到烘焙紙，可以用裝食物的塑膠袋、鋁箔紙、烤盤紙等來代替使用。

鐵氟龍紙　杜邦公司開發的氟素樹脂（Fluorocarbon），抗熱性強，摩擦係數又很低，不怕被水沾濕，所以常使用於炒鍋，或作為烘烤餅乾用的紙。由於抗熱性強，當要將焦糖、軟糖展開時，都會用它代替烘焙紙來使用。一般烘焙紙使用過後就要丟棄，而鐵氟龍紙在面料還沒有脫落到需要換新前，只要擦乾淨晾乾就可重複使用。

刮刀　融化的巧克力使用橡膠刮刀，凝固中的巧克力使用不鏽鋼刮刀，就可刮得乾乾淨淨。橡膠刮刀價格稍高，且最好購買抗熱性強的產品，這樣製作砂糖與焦糖時也可以使用。

碗　主要使用於混合材料，如果準備數個碗來製作巧克力將會更方便。最好使用不鏽鋼材質的碗。若要將巧克力放進微波爐融化時，因在製作的過程中巧克力容易硬化，為了保持巧克力的溫度，這時最好使用耐熱度較高的碗。

湯勺　舀取融化的巧克力，或將巧克力倒進模型裡時所使用。建議購買造型簡單、不鏽鋼材質的比較衛生又方便。

巧克力支架定型條　主要用於將巧克力鋪成所需要的厚度或高度。將造型支架定型條放在烘焙紙上，並調整到所需要的大小，再把巧克力倒進造型之間並均勻鋪開，讓巧克力的厚度達到一致。可購買高度為 0.3cm、0.5cm、1cm、2cm 等厚度的尺條。如果沒有所需的厚度時，可以利用壓克力條等圍出造型來製作。

巧克力叉　在各式各樣形狀的巧克力凝固後，需要快速浸泡於巧克力醬裡，或者在浸泡過的巧克力上做花紋，或者沾裹巧克力削片、

粉等食材時使用。

抹刀　用於將巧克力模具裡的巧克力刮下來時，或在大理石上製作調溫巧克力時，或鋪平巧克力時，是製作巧克力的重要器具。抹刀有一字形、L字形、三角形、四方形等形狀。建議選用堅固、不易彎折，且不要有瑕疵的抹刀。

模型　可將融化的巧克力塑造成各式各樣形狀。由聚碳酸酯（Polycarbonate）材質製成的模型，耐久、花樣多，製作起來也比較輕鬆，只是價格較高，所以大部分都是專家在使用。由塑膠製成的彈性模型（Stamp Molding）比較輕，價格也比較便宜，一般人都會使用這類模型。

中空成型模具　中空成型模具（Hollow Molding）形狀立體而且中空，用來製作巧克力外殼。兩個一組，裝上定位鎖（Alignment Pin）來使用。這種模型價格較昂貴，但即使是由聚碳酸酯材質製成，一旦立體表面受到撞擊，也很容易破裂。

調溫巧克力的作法

　　以百分之百的可可脂製成的頂級調溫巧克力，在製作前必須透過調節溫度，讓可可脂處於穩定狀態。換句話說，在融化的巧克力裡的可可脂結構必須一致，而且為了產生好的結晶體，在調溫的過程中，巧克力一定要保持在穩定狀態（ β 結晶形態中的黑巧克力溫度為 31℃、牛奶巧克力為 29℃、白巧克力為 28℃），這個過程就叫做「巧克力調溫」。在製作頂級巧克力時，巧克力調溫是必備的程序，因為巧克力的光澤、酥脆度、融點、口感等全都決定於巧克力調溫，所以根據自己的工作環境選擇適當的方法，然後透過重複的練習來熟練這些技巧。

　　在製作調溫巧克力時，都會利用溫度計來確認溫度。等巧克力攪拌到沒有結塊完全均勻融化，觀察刮刀末端餘下的或滴在烘焙紙上的巧克力，若在 1 ～ 2 分鐘之內硬化且有光澤時，表示調溫巧克力製作成功。想要製作出品質佳的巧克力，取決於調溫巧克力成功與否，所以是非常重要的程序。

攪拌法

　　這是當巧克力使用量不及 1kg，或室內溫度較低，或製作時間比較充裕，或非專家製作時，最適合的製作方法。將在 40 ～ 45℃ 間完全融化的巧克力裝進碗裡靜置，中間部分就會開始凝固。這時將已凝固卻還柔軟的部分挖出來，與溫暖的巧克力混合，不時地均勻攪拌直到融化冷卻，這樣巧克力就具備了黏性（此時巧克力約 27℃ 左右）。這種做法是讓巧克力長時間處於 β 結晶形態，製作中不時將溫度稍微加熱達到需要的溫度（約 31℃）時，產生過多的 β 結晶將會輕輕地融化。

種子法

在已經融化（約 40～45℃）的調溫巧克力裡，將剁碎的常溫巧克力加進去混合，來降低熱度以達到所需要的溫度，維持 β 結晶形態，這種方法比較衛生，也比較簡單。一般在 2 公斤 45℃左右溫熱的調溫巧克力裡，放進約 400g 的巧克力融化，等到無法融化時，再放進微波爐裡加熱 10 秒，就會完全融化，等冷卻到 28～31℃ 即可。不過巧克力的溫度變化，因為融化的調溫巧克力溫度、份量及工作環境的溫度等不同而有些差異，所以只能重複地練習與觀察來培養自己對巧克力溫度的敏感度。

大理石調溫法

這是利用冰涼的天然大理石，冷卻約 45℃的部分熱巧克力，充分地製造出 24～27℃間的 β 結晶體，然後再重新與溫暖的巧克力混合，融化 β 結晶體，以保有下次使用份量的方法。

將 2/3 已在 40～45℃裡完全融化的巧克力，倒在冰涼的大理石台上，利用刮刀快速將巧克力均勻地鋪平與收攏。就這樣不停地重複這兩項動作，直到巧克力有黏性為止，然後再與剩下的熱巧克力混合。若巧克力沒有完全融化時則需要繼續加熱；反之，如果完全融化而過稀時，得將部分裝起來冷卻，然後重新混合來調整黏性。

給專業巧克力師傅的補充

各種可可豆的特性

可可豆大致可分為克里奧羅（Criollo）、法里斯特羅（Forastero）和千里達（Trinitario）三種。其中克里奧羅與法里斯特羅為天然品種，而千里達是透過人工配種技術而產生的品種。這三種為最具代表性的品種，無論香氣與味道都各有特色，並且根據原產地、栽培與加工方式、品種相互交配、可可豆混合等，又有細分。一般挑選著重於可可豆的獨有特色，並且不混合其他可可的濃縮純可可（即Single Origin Cacao- Pure Origin- Mono Origin）。不過大部分會挑選兩種以上混合品種，或混合原產地的可可豆後，再加工而成。

克里奧羅

克里奧羅的豆子形狀末端稍微尖銳，略呈橢圓形。墨西哥、瓜地馬拉、尼加拉瓜、哥倫比亞等為主要栽培國家。豆莢的顏色為綠中帶黃，或綠中帶紅，豆子為灰色，很容易辨別，而且豆子的形狀比法里斯特羅、千里達胖。克里奧羅可可豆總生產量只佔全世界 3%，屬於頂級品種。

法里斯特羅

法里斯特羅是較容易栽培、生產量較高的品種。亞馬遜河以南、西非、聖多美、哥斯達黎加、墨西哥、巴西、蘇利南共和國、千里達（西印度群島之一）等為主要栽培國家。比起克里奧羅品種，病蟲害耐抗性更強、繁殖力旺，收穫量也很高；再加上種類較多，栽培面積佔全世界 85% 以上。豆莢為淡綠色、黃色、淡紫色等等，可可豆為深紫色。

千里達

　是由克里奧羅與法里斯特羅交配而成的混合種，因此同時具有這兩種品種的特色。起源於千里達的品種，佔全世界總產量的 20%。千里達、委內瑞拉、印尼、巴布亞新幾內亞等為主要栽培地。

＊在特定的可可豆產品中，總會見到頂級 Grand Cru 字樣，這始於 1986 年法芙娜（Valrhona）公司為了行銷自家頂級巧克力 —— 瓜納拉（Guanaja）70％，而使用的商業用語。如今只要是以 Single Origin Cacao - Pure Origin - Mono Origin 或精細混合而製成的頂級巧克力，都會冠上這兩個字。在法芙娜公司，比 Grand Cru 還要高級的產品都冠有 Premier Cru 與 Estate Grown Cru。

調溫巧克力的品質標準

　　調溫巧克力的品質依據產地、可可豆的特性、混合、加工方法、加工技術、混合的材料等多項條件與複雜性來決定好壞。為了讓味道發揮到極致，必須根據可可豆的品質與產地的特色，再來決定要在哪個階段做些調整等，經過精細又科學的過程才算完成調溫巧克力。經過這些過程完成的調溫巧克力，雖然因公司不同而多少有些差異，不過大致以可可味、水果味、酸味、甜味、苦味、餘味六種口味做為基準。

可可豆的品種與特性

可可豆品種		地區	可可豆顏色	豆莢顏色
克里奧羅 (Criollo)	Mexican Criollo	墨西哥的恰帕斯（Chiapas）部分地區	灰色	綠色～ 黃紅色
	Nicaraguan Criollo Cacao Real	尼加拉瓜部分地區	灰色	大部分為紅色
	Colombian Criollo	哥倫比亞部分地區（墨西哥克里奧羅的變種）	灰色	綠色～ 紫紅色
	Pentagona / Lagarto	墨西哥、瓜地馬拉的千里達品種栽培區	鮮豔的紫色	大部分為紅色
法里斯特羅 (Forastero)	Amelonado	亞馬遜以南、巴西的巴伊亞（Bahia）、西非地區	深紫色	淡綠色～ 黃色
	Matina / Ceylan	中美（哥斯達黎加、墨西哥、巴西、蘇利南）	深紫色	淡綠色～ 黃色
	W.African Amelonado	聖多美（1824年）、赤道幾內亞（1850年）等，主要為西非地區（喀麥隆除外）	深紫色	淡綠色～ 黃色
	Cacao Nacional (Arriba)	厄瓜多爾（1920年幾近滅絕）	紫色	淡綠色
	Guiana Wild Amelonado	蘇利南、千里達	灰色～ 淡紫色	淡紫色
千里達 (Trinitario)		中美（千里達、委內瑞拉）、印尼、喀麥隆、巴布亞新幾內亞		

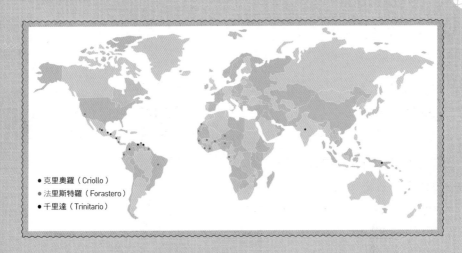

● 克里奧羅（Criollo）
● 法里斯特羅（Forastero）
● 千里達（Trinitario）

　　除了可以前面六種口味作為調溫巧克力的品質基準，也可將其風味更
細分如下：

Roasted Flavour Coffee Smoky, Tobacco, Cacao, Caramelized Sugar……

Flower Jasmine, Orange, Blossom, Rose Blossom, Viola Scented……

Spice Vanilla, Licorice, Aniseed, Clove, Cinnamon, Pepper……

Fruity Pineapple, Apricot, Banana, Chassis, Fig, Dates……

Vegetable Grass, Mushroom, Truffle, Moist Soli, Moos, Tea……

Wood Wood Moist, Wood Fresh, Cedarwood, Sandalwood, Licorice……

Others Honey, Beeswax, Egg Liquor, Raw Sugar, Cocoa Butter, Vanillin,
　　　　　 Coca Cola……

　　要能如此敏銳地分辨出不同種類的調溫巧克力，必須接受專門訓練與
累積經驗；這樣才能成為一個巧克力專家，辨別出不同口味的調溫巧克
力、挑選出適合的口味與理想的調溫巧克力，當然巧克力專家還要懂得
考量製作的可能性與經濟價值。

巧克力工作室必要的設備

巧克力專家在製作巧克力時，必須具備相當程度的專業環境，也就是說巧克力工作室裡的設備，必須根據巧克力對溫度與濕度敏感的特性而設置。工作室的最佳溫度應為18℃、濕度為50％，陽光不能直射，不可有病蟲與異味等，環境必須保持乾淨。不過就算有絕佳的技術，如果工作室裡的設備、保存與陳列都不佳時，仍可能降低與損壞巧克力的品質。

在設置工作室或巧克力店時，必須具備幾項條件，其中冰箱與陳列櫃看似與一般甜點工作室的設備沒什麼差別，其實等真正使用過後，將會發現巧克力品質很難維持等問題。

發酵箱

製作過程中巧克力需要凝固或發酵時所使用的冰箱，比起一般冰箱溫度較高（約12～20℃之間），設定的溫差較少；濕度則保持在30～65%之間，可做調整，由於發酵箱內保持恆濕，所以保存的巧克力不會產生濕氣，為巧克力專用的冰箱。冷藏展示櫃的原理與發酵箱相同。

天然大理石流理台

由於天然大理石對溫度敏感，即使工作室裡的溫度有些微變化，大理石仍可維持原有的冰涼，所以非常適合製作怕熱的巧克力。製作巧克力時，最常將巧克力倒在大理石流理台上來冷卻，或在大理石流理台上刮巧克力等，所以流理台表面最好有拋光處理，厚度為2～3cm左右，至於尺寸可依照工作室的面積與用途來訂做。在訂做大理石流理台時，最好請石材商或點心廚房設計師來設計。

加熱箱或巧克力融化鍋

在開始製造巧克力的前一天，先將巧克力放進加熱室、加熱箱或巧克力融化鍋裡，在 50℃以下的溫度中，將固體巧克力食材（調溫巧克力）完全融化，等到第二天製作時就可以很方便地直接拿出來使用。無論加熱箱或巧克力專用的融化鍋，須將溫度設定為 45℃左右，讓巧克力長時間慢慢融化，此時要注意的是可可膏若含有奶粉成分會沉澱於容器底部，很容易變硬或變質而產生異味。

調節溫度與濕度的空調設備

工作室必須維持固定的溫度，約 18 ～ 20℃與濕度約 50% 以內，所以冷氣機是必要的設備。

廚房基本設備

除了上述的設備外，還有與專業廚房設備相似的有流理台、電、爐子、抽風機、地板等。其中地板最好使用具有防滑功能、不易被巧克力汙染、清洗輕鬆的材質。

國家圖書館出版品預行編目資料

巧克力小百科 / 高永珠撰文；劉芸翻譯.
-- 初版. -- 〔新北市〕：廣智文化，2013.09
面；　公分. --（飲食百科；2）

ISBN 978-986-6034-69-5（平裝）

1.巧克力　2.點心食譜

427.16　　　　　　　　　　　　　102018443

飲食百科　02
巧克力小百科

撰　　　文：高永珠
翻　　　譯：劉芸
封面設計：陳育仙
特約美編：林姚吟
主　　　編：邱艷翎
發 行 人：王存立
出　　　版：廣智文化事業股份有限公司
網　　　址：www.sudu.cc
郵撥帳號：19000691成陽出版股份有限公司
總 經 銷：成陽出版股份有限公司
地　　　址：（33051）桃園市春日路1492之8號4樓
電　　　話：（03）3589000
傳　　　真：（03）3556521
印　　　刷：海王印刷事業股份有限公司
出版日期：2013年9月初版一刷
定　　　價：240元
ISBN：978-986-6034-69-5

Chocolate Notebook © 2012 by GO YOUNGJOO
All rights reserved.
Translation rights arranged by Woodumji Ltd., Publishers
through Shinwon Agency Co., Korea.
Traditional Chinese edition copyright © 2013 by Wisest Cultural Enterprise Ltd. Co

歡迎來到 巧克力共和國

東南亞第一座
巧克力博物館

免費入場券

營業時間：
每周二至周五 09:30 ～ 17:00（售票至 15:30）
每周六至周日 09:30 ～ 18:00（售票至 16:30）
每周一休館　＊如遇館內維護時間，休館時間另行公佈
電話：03-3656555
地址：桃園縣八德市介壽路二段 490 巷旁巧克力街底
網址：www.republicofchocolate.com.tw

注意事項：
- 本票券有效日期：2014 年 2 月 4 日止
- 本票券免費入館 1 次且限 1 人入場
- 本票券為非賣品，不得兌換現金
- 本票券若遺失、被竊、損毀恕不補發
- 巧克力共和國保有活動內容修正、解釋之權力

免費入場券

營業時間：
每周二至周五 09:30 ～ 17:00（售票至 15:30）
每周六至周日 09:30 ～ 18:00（售票至 16:30）
每周一休館　＊如遇館內維護時間，休館時間另行公佈
電話：03-3656555
地址：桃園縣八德市介壽路二段 490 巷旁巧克力街底
網址：www.republicofchocolate.com.tw

注意事項：
- 本票券有效日期：2014 年 2 月 4 日止
- 本票券免費入館 1 次且限 1 人入場
- 本票券為非賣品，不得兌換現金
- 本票券若遺失、被竊、損毀恕不補發
- 巧克力共和國保有活動內容修正、解釋之權力

ROC CAFÉ
全商品 9 折優惠

營業時間：
每周二至周日 11:00 ～ 17:00
每周一休館　＊如遇館內維護時間，休館時間另行公佈
電話：03-3656555
地址：桃園縣八德市介壽路二段 490 巷旁巧克力街底
網址：www.republicofchocolate.com.tw

注意事項：
- 本票券有效日期：2014 年 2 月 4 日止
- 本票券限使用 1 次消費
- 本票券為非賣品，不得兌換現金
- 本票券若遺失、被竊、損毀恕不補發
- 巧克力共和國保有活動內容修正、解釋之權力

桃園縣八德市介壽路二段 490 巷旁巧克力街底
03-3656555
www.republicofchocolate.com.tw

宏亞食品 關係企業